一切从了解自己开始

——尼采

九型人格与自我认知

三山◎著

中华工商联合出版社

图书在版编目（CIP）数据
九型人格与自我认知 / 三山著． -- 北京：中华工商联合出版社，2020.3
ISBN 978-7-5158-2711-7

Ⅰ．①九… Ⅱ．①三… Ⅲ．①人格心理学一通俗读物 Ⅳ．①B848-49

中国版本图书馆 CIP 数据核字（2020）第 013038 号

九型人格与自我认知

作　　者：王三山
出 品 人：李　梁
责任编辑：吴建新
装帧设计：张合涛
责任审读：魏鸿鸣
责任印制：迈致红
出版发行：中华工商联合出版社有限责任公司
印　　刷：北京市毅峰迅捷印刷有限公司
版　　次：2020 年 6 月第 1 版
印　　次：2020 年 6 月第 1 次印刷
开　　本：16 开
字　　数：180 千字
印　　张：13.25
书　　号：ISBN 978-5158-2711-7
定　　价：39.90 元

服务热线：010-58301130-0（前台）
销售热线：010-58301132（发行部）
010-58302977（网络部）
010-58302813（团购部）
地址邮编：北京市西城区西环广场 A 座 19-20 层，100044
http://www.chgslcbs.cn
投稿热线：010-58302907（总编室）
投稿邮箱：1621239583@qq.com

目录
CONTENTS

序言
PREFACE

九型人格需要用一生去学习

近年来，九型人格逐渐成为美国斯坦福大学等国际知名大学MBA的热门课程之一，备受学员推崇，而且愈加风行欧美学术界和工商界。有统计数据显示，很多全球500强企业的管理层人员都在学习研究九型人格，并以此培训员工、建立团队、提高执行力。

一、何为九型人格

性格决定命运。

九型人格的古老图形符号可以追溯到古希腊时代的毕达哥拉斯（Pythagoras），甚至更早。作为经历了2500年之久的古老学问，通过葛吉夫等一代又一代知名学者的研习、探索与实践之后，现在由美国斯坦福大学发扬光大，其应用范围更加广泛，包括个人成长、职场管理及人际关系处理等，甚至扩展到夫妻相处、教育子女及亲子关系方面。

1994年，美国斯坦福大学的学者主办了第一届国际九型人格大会，参加人数达到1400多人，分别来自20多个国家和地区，同年还成立了九型人格的国际研究组织。

九型人格是需要用一生研究的学问，对于不同型号的理解会随着个人的成长而变化，学习九型人格的最终收获一定不是“如何搞定别人”，而是“认识你自己”。

二、为何编写此书

本书为学员而写。

为了让学员能够更有效地学习和运用九型人格这个工具，在教学过程中我迫切感受到需要一本适合初学者循序渐进的本土化入门级教材。书中文字根据我15讲九型人格微课（每次90分钟）的录音整理而成。为了帮助学员加深理解，看到更多实例，能够享受到我所提倡的浸泡式学习体验，我还把课前问卷、课后作业总结和部分学员的毕业论文，以及这些年我的教学笔记结集为《参考资料》，作为课后阅读，读者既可以看到很多不同性格型号学员的学习状态，也可以丰富对九型人格的感性经验。

九型人格是需要用一生来学习的学问，本书谨代表我十余年来学习九型人格的思考和心得，未来的路还很长，在浩瀚的九型人格世界里，我们永远是一名小学生。

人世间真正的学问，从来都没有办法速成。

我传播九型人格的目的，就是为了让每位学员在学习之后，能够真正用得出来，让九型人格的能力内化、巩固、沉淀、附着在学员身上，从此以后九型人格的分析能力会24小时跟随大家，除非你不想用它。

这几年，我一直在思考：如何让学员在学习过程中少走我曾经走过的弯路，可以比我学得更快？这是我作为老师应有的使命感和责任感。

在思考的过程中，我反复回想自己在学习过程中遇到的困难和迷惑；

怎样去帮助像我当初一样迷茫和困惑的学员呢？当时我最大的困惑是什么？那就是我学习完成之后，就没有人来管我了——三天课程里一下子学那么多理论，很难消化吸收。所以在这个 15 讲的课程开始之前，我已经做了一些尝试：我在线下开了一个九型人格学习联播，每个星期或者每两个星期更新一次，讲两个小时的课程，每次讲一个型号，下一次开讲的时候，学员带着生活当中遇到的问题和案例回来分享。比如这个星期学了 1 号，那我就尝试用 1 号的眼睛去看世界，突然发现我理解了很多人，也能跟一些人相处得更好了。等到下次开课时，学员会带来这一个星期当中遇到的案例，然后我会在课堂上针对学员的案例进行分析，这种情况下学员的进步很明显。可惜因为一些客观原因，那个学习联播没有继续办下去，但是这些尝试却让我看到这种教学模式是非常有效的，也给了我很大的信心去继续寻找机会，做更进一步的尝试。这些努力都缘起于我的教学梦想——真正以学员为中心，帮助学员实现最好的学习效果。

《请跟我来》是一篇我写给九型人格微课学员的信，在这封信里，我提供了课前问卷，以及作业答案的方向和注意事项。比如第一个问题：你为什么想学习九型人格？不少学员的答案是因为好奇，或是觉得在工作生活中有用处。我觉得这些认识都非常好，因为好奇心是我们在学习道路上持续前进的重要动力，我从当年学习九型人格，一直到现在讲授九型人格，最大的内在力量也是好奇。因为好奇，我们才愿意花很多时间去钻研、去领悟，不断提高。我一直觉得自己是九型人格世界的小学生，只是比学员们早学一段时间而已，而且我现在的教学也是为了把九型人格学得更好，教是为了更好地学。

关于这本书和课程的缘起先讲到这里，让大家真正了解我作为讲师做这件事情的动机和出发点。这半年收获了急剧下降的视力、日益变形的颈椎，不过，想到以后初学的爱好者可以人手一本适合的教材，所有的辛苦都是值得的。

三、这本书写了什么

序言和第一讲是九型人格理论源头、基本原理和运用方法等基本框架，从学习的意义、区分标准、基本原理和学习误区等几个方面对九型人格进行概述和总论，对学习思路和方式也做了很好地梳理。全书分别讲解了九型人格中各个型号的基本特征、分组小结，以及对每个型号代表人物的解读。

要掌握好九型人格，必须要从基本原理入手。什么是原理？怎么理解原理这个词语？曾经有人问我："老师，1 号和 8 号怎么区分啊？这两个型号怎么在一起相处呢？"大家初学九型人格时，类似的问题特别多：3 号跟 4 号能结婚吗？5 号和 8 号在一起是不是不太和谐啊？6 号类型的老板找 2 号类型的员工行不行？7 号类型的员工能帮到我吗？3 号类型的妈妈有一个 8 号类型的儿子，在一起会不会有很多冲突？还有关于婆媳、闺蜜、夫妻、上司和下属、上下游客户之间的关系问题等。当你基础理论学得不够扎实的时候，你就会问类似的问题。这些问题其实就是一个问题，什么问题呢？你没有搞清楚九型人格原理，你学习九型人格的基础不扎实。如果你对每一个型号都有非常透彻的了解，根本就不会有这样的问题，不会再迷惑。这就是为什么要先讲九型人格原理，原理就是一个知识体系当中规律性的东西，是万变不离其宗的标准，是深入研究、灵活运用的理论基础。

讲完原理之后，我会把 1 号到 9 号讲一遍，共分成三组，2、3、4 号一组，5、6、7 号一组，8、9、1 号一组，每组讲完都会有小结。分组讲解之后，大家就会有一个三元组的概念，这样学习和运用的时候就不太容易混淆，也就不会再问前面列举的那些常见问题。

学习九型人格，是不是只看书就行了？这本书上的每一个字你都认识，看完好像也能理解，但是学习九型人格不是为了能看懂理论，而是为了用好九型人格的分析方法，让九型人格的理论指导自己去更好地处理生活和工作。所以，学好九型人格既要看书思考，也要参加现场课程，而且要反复听课、练习和交流提高。

课堂上我们有机会见到活生生的各种型号的人，也就是九型人格的标本。学习很多理论，掌握每个型号的特点，分析很多历史上或生活中每个型号的代表人物，都比不上你在课堂上见到一个某种型号的人活生生地站在你面前，你可以近距离地观察同一型号的一群人，了解他们的思维方式、他们的行为习惯，倾听他们的内心独白、他们的恐惧和欲望。你会快速而深刻地了解他们，这对于掌握理论很有帮助。

曾经有一个学员说自己可能没办法完成作业，她在说不能完成的时候，是用一种小孩的状态来跟我沟通。也许在生活中，她喜欢或者擅长运用这种小女生的状态跟身边人互动，她希望身边人不要把自己当成一个成年人，并享受因此而带来的一些便利，但是她也会因此而付出一些代价，在一些重要的事情上，比如商务洽谈或者选择合作伙伴时，有可能对方也不会把你当作成年人对待。

大家在学习期间要养成写九型人格日记的习惯，每天记录跟九型人格有关的心得、感触、运用技巧等。不要小看每天记录一点点，慢慢积累起来，时间长了就会直观体现出自己进步的幅度。刚开始翻开这本书的时候，你可以写下对九型人格的认识，等到学完的时候，你回过头来看最初的认知，就会有更加完整和体系化的理解。

人类的学习主要就是解决两个问题：为什么和怎么做。先问自己一些问题：我为什么要学习九型人格？为什么要花很长的时间学习这门课程？要给自己足够坚定和充分的答案，要能够说服自己，这样才能坚持下去，才有学习的动力，才会学有所成，才能回答好怎么做的问题。

荣格是瑞士的精神分析大师，他曾经说：行为决定习惯，习惯决定性格，性格决定命运，可能很多人只记住了最后一句。你要改变命运，首先要从自己的行为入手。在人生中的关键时刻，性格起着非常重要的作用，甚至是决定性作用。莎士比亚的戏剧《哈姆雷特》中有一句著名的台词，“To be，or not to be？”做，还是不做？不是每个人在遇到重要事情的时候都会有那样的疑问，同样的事情，你会慎重考虑，别人可能就不会考虑，反之亦然。性格决定了你考虑问题的出发点和抉择的结果，也就决定了你的命运。

对于企业来说也是如此，因为企业也有自己的性格。企业竞争的核心，除了人才和技术之外，更深层次的是企业文化的竞争。文化的影响力不可小觑，那企业文化的源头是什么呢？我觉得创始人或长期管理者的性格对企业文化有决定性的影响力。比如我们现在看 BAT——百度、阿里巴巴和腾讯，在每家企业里面都能够看到创始人和领导者性格的影子，看到他们对企业文化的影响。企业家的性格决定了企业的文化、风格和未来走向。当企业遇到危机的时候，怎么做好公关工作？这时最能直观体现这个企业的性格，因为企业怎样做危机公关，也就相当于某种性格的人在压力状态下怎样与外在世界互动。

四、学习约定

1. 一个人的性格型号不能完全形容一个人的性格和行为习惯。九型人格是我们到达彼此内心的一个途径、一个工具，对一种型号的描述不能完全概括一个人的性格特点，即便是同一型号的人，也会有不同的表现方式。世界上有很多条路可以通往人的内心，九型人格不是唯一的。

2. 不要随意判断型号、乱贴标签。不能刚开始学就问：“老师，我是几号？”我只会教你判断的方法，而不是告诉你答案。不要给别人乱贴标签，你可以说：我觉得你几号的分比较高，我觉得你这个阶段的表现比较像几号，而不能随意给自己和他人一个最终的结论。

3. 不能用某种型号的特征来做借口。你不要说，因为我是 9 号，所以我有拖延症；因为我是 4 号，所以我比较任性。

4. 对自己诚实，用心触摸自己的感受。有人在网上做过九型人格测试题，觉得测出来的结果不准，那先问问自己：做测试的时候诚实吗？是否在用心触摸自己的感受？

5. 互相学习，取长补短。有人说：我喜欢 8 号，不喜欢 1 号，或者我喜欢 2 号，不喜欢 3 号……每一个型号都有闪光点，也都有不太完美的方面，所以学习九型人格的过程中要互相欣赏，互相学习，取长补短，客观地看清自己的不足、别人的优点，这样才能调整和改善自己。

6. 尊重每个人，用不同的进度和节奏去发掘属于自己的个性特质。在学习过程中，有的人很快就找到了自己的型号，有的人却越听越糊涂，觉得自己每个型号都像，整本书都看完了也没找到自己的型号。这都是正常的，学习九型人格的终极目的是让自己变得越来越包容，越来越智慧从容，越来越理解这个世界。

7. 九型人格是一门不断发展、需要终身学习的学问。国际上每年都会召开世界性的九型人格研讨大会，许多讲师和研究者都会在大会上分享最新的研究成果，讨论学习中的疑惑和问题。这说明什么？这说明九型人格是一门需要终身学习的学问，因为九型人格研究的对象是人，人是最复杂丰富的个体。

8. 九型人格是增强自我认知、助力个人成长的工具。学习九型人格，不是为了搞定你身边的人，不是为了搞定你的配偶、孩子、上司或者下属，更不是为了搞定你特别讨厌的人、你喜欢的人，九型人格就是一个认识自己、成长心灵的工具，你最终只能搞定你自己。

•三山问答

1. 怎么来确定自己是几号？

问自己一些比较终极的问题。举个例子，如果今天是你生命的最后一天，你会选择做什么事情？或者，如果钱不是问题，你最想要做的事情是什么？其实还是回到基本欲望和基本恐惧上面，做一件事情，没有利益，没有回报，没有人关注，没有人了解你，没有人给你喝彩，你也依然做得很开心，在这个事情中你找到了自己最想要的东西，明确了自己的基本欲望，回答了自己为什么而活。

2. 网上一些九型人格测试的结果准确吗？

网上有很多九型人格测试题，你可以通过测试很快知道自己是几号，但是通过个人学习过程中的思考和观察，我不太赞成把测试结果当成评判自己的唯一标准。你可以用一种平和的心态去测试，把测试结果作为参考，而不是作为一个很权威的判断来影响自己。为什么呢？因为做测试的时候，你会被很多微妙的因素影响，比如你对这个题目的理解，你做测试的状态，你是否对自己坦诚等，这些都会影响你的测试结果。

3. 全人类的性格都是按照九型人格来划分吗？

从九型人格的角度来看的确如此，有很多样本追踪，正在不断证明这一点。同一个型号有不同的状态，有最差和最好的状态，即使在同一个人的不同人生阶段也会活出不同的状态，每个型号都非常丰富。

一个基本型号在压力和健康状态下可能会走向另外两个型号，同时每个型号都有翼型，这样一个基本型号就有可能表现出另外四种型号的性格特征，并且每一个型号又有九种状态。这听着有点复杂，但这正是九型人格特别迷人的地方，也是人性特别有意思的地方。在诺贝尔文学奖或者奥斯卡奖颁奖典礼上，那些获奖作品的颁奖词里往往都会有一句话：作品深刻地描写了人性的丰富，因为人性丰富，所以九型人格的类型也很丰富。

4.3 号和 7 号怎么区分？

3 号和 7 号容易混淆，有很多 3 号觉得自己是 7 号，但很少有 7 号觉得自己是 3 号。我举一个例子，有一位 7 号辞职了，回到家里睡懒觉，睡到自然醒，第二天他说了一句话：做一个快乐而没用的人真好。有一位 3 号觉得自己是 7 号，我就问他："你对刚刚这句话有没有共鸣？" 3 号认真地说："做一个快乐的人真好。"他很自然地把那个"没用"去掉了，因为 3 号的基本欲望是追求成就和人生价值。

因为 3 号和 7 号的一些外在特征有点像，都是精力旺盛、特别活跃的，如果你不能区分，就回到基本欲望和基本恐惧里找答案。我有一篇文章《王石是几号》，很多九型人格讲师对这个问题意见不一，有些讲师认为他是 7 号，而我觉得他是 3 号。一个最简单的标准就是：当你提到 3 号的时候，你会说这个人很优秀；当你提到 7 号的时候，你第一感觉一定是这个人很会玩，你觉得跟王石在一起很开心，还是能学到很多东西？

5.4 号和 7 号怎么区分？

7 号爱热闹，很少一个人玩，一定要呼朋唤友去玩；4 号和 5 号喜欢独处，4 号可以自己跟自己玩，很多 4 号一个人背起包就出去旅行，但很少看到 7 号一个人玩。4 号喜欢安静，有轻度自闭和社交困难，7 号好动，就像猴子的屁股坐不住一样，擅长制造快乐的气氛。有 7 号在，我们就不用担心冷场，所以说如果组织聚会你可以多请几个 7 号，但是对 4 号或 5 号这种性格的人，你就要慎重考虑，不宜太多。如果整个聚会上全部是4号和5号，气氛会有点闷，热闹的聚会对他们来说不是享受，他们往往是沉默和安静的。

6.9 号和 7 号怎么区分?

9号和7号比较容易区分，因为9号有点像隐形人，你很难注意到他，但是你很难忽略7号，因为大多数7号都不甘寂寞，相对来说他的外形、打扮都颜色鲜明，比较“潮”，精力特别旺盛，很多7号会穿一些亮丽颜色的衣服。前面讲的那个例子，你很难想象一个9号要经常飞来飞去地出差，他会很烦恼。我们有时用乌龟这种动物来形容9号，9号的信条是生命在于静止，9号不喜欢动，不希望折腾来折腾去。在本能组里9号完全失去本能欲望，失去了生活的激情，而7号几乎永远都激情四射，你很难看到一个慢吞吞的7号。

7.2 号和 6 号怎么区分?

这两个型号在九型人格中都是比较谦虚、谦卑的，而且他们都愿意去支持别人，不愿意自己做老大，他们愿意为别人付出，有很好的团队协作性，人缘都很好。他们的区别在于2号是情感组，6号是思维组，所以很多时候2号跟人的链接是通过情感，6号联系你则是因为跟你有某种现实的关系，比如同属一个组织，像同乡会或者同学会之类，有共同的归属感或荣誉感。2号愿意跟弱者在一起，愿意帮助弱小的人，2号代表人物是德兰修女，6号则愿意追随强者，并为了心中的领导者而冲锋陷阵。再回到九型人格原理的基本欲望，2号要的是被爱和需要，6号要的是安全和被保护，这可以作为区分参考。

8.4 号和 5 号怎么区分?

这个问题很好，因为4号和5号挨在一起，两个人是邻居，互为翼型。有一个简单的区分标准：从外形上来看，5号在九个型号中是最不讲究穿着的，对美的要求没有那么高。我有一个5号朋友，他觉得吃盒饭最好，因为节约时间——吃饭的目的只是获得能量。可是4号对美、对形式是有要求的，比如食物的摆放、餐具的材质、用餐环境、灯光，甚至服务生的工作服、餐馆的装修设计等，5号则对这些不太敏感。4号情绪不太稳定，因为他的能量来自情绪，情绪既能帮他释放能量，完成创作或实现梦想，同时也反过来让他深受情绪的困扰，但是4号很享受这种情绪的困扰，有轻微的自虐倾向。我们很少看到5号情绪不稳定，如果你身边有5号朋友，你会发现这个人的情绪始终很稳定，很少受到情绪的干扰，非常理性，完全用大脑冷静思考。5号有时不能理解4号夸张激烈的情绪，觉得幼稚和肤浅，这是5号与4号比较明显的区别，因为一个是情感组，一个是思维组，虽然他们都喜欢自己待着。

9.3号和4号怎么区分？

因为3号的旁边就是4号，所以他们两个是邻居，也互为翼型。

举一个乔布斯的例子，乔布斯是一个优秀的典型的4号，读大学的时候他光着脚在校园里走来走去，非常特立独行。但是3号和4号的区别是什么呢？4号对别人是否关注他，并不十分在意，全世界都不认可他也没关系，只要他自己认可就行了，4号非常自我，是极端的个人主义者。3号就不同了，3号要被接受、被欣赏，要生活在主流的价值体系中，外界的认可和关注对他非常重要。

研究一个人的性格型号，可以去看人物访谈，读人物传记。每个人都是一个“小宇宙”，人心是相通的，当你真正研究透一个人的时候，就会到达“人所具有的，我无不具有”的境界，让你对自己也更加了解。

在电影屏幕上可以比较集中地看到一些具有典型性格特征的人物。比如陈凯歌导演的《霸王别姬》中，张国荣就扮演了一个很经典的形象——程蝶衣，入戏深而出戏慢，程蝶衣就是一个4号人物。但是张丰毅饰演的霸王，分得很清楚：这是戏，那是我的生活。霸王非常清楚演戏是为了讨生活，但是对于程蝶衣来说，戏就是命，甚至觉得只有日本人青木懂他，能够欣赏他的京剧，哪怕当时两国开战，日本人是侵略者。程蝶衣是戏痴，只要跟艺术有关的，他都很专心，这是4号不现实的地方，是很多人很难理解4号的地方，也是4号独有的标签：真诚、近乎偏激的执着。比如程蝶衣曾经说："说好了唱一辈子，少一分一秒都不算一辈子。"所以也有了那句"不疯魔，不成活"，这都是非常典型的4号语言。

10.3号、6号、9号很容易混淆吗？

在九型人格的九柱图中，3号、6号、9号是一个独立的三角形，所以这三个型号容易互相变化，容易混淆，3号容易被人误解成6号，6号容易被人误解成9号，尤其是在健康或压力状态下。举个例子，我跟两个朋友吃饭时聊到九型人格，一个朋友说曾经做过测试是孔雀，另外一个朋友就说他哪里像孔雀？因为她觉得对方不炫耀、不招摇，一点都不像孔雀。我没有研究过动物和色彩性格理论，但是如果要用动物去类比性格，那3号是比较适合用孔雀来类比的，因为孔雀会开屏，它需要引起关注，我当时就觉得朋友身上确实有"隐藏"的孔雀。他觉得很奇怪："为什么你会有这种感觉？"我说："虽然你穿了一件灰色衣服，灰色一般意味着不希望引起别人注意，想把自己藏起来，但是你穿的是一件非常修身甚至有点紧身的灰色衣服，很容易显示出身材的线条，这符合3号的特点，因为3号会比较关注自己的形象，希望给别人留下好身材的印象。"这些小细节可以作为我们分析一个型号的参考。

11.6号为什么讨厌3号？

6号很容易讨厌3号，因为3号比较喜欢炫耀，要活在舞台中央，可是6号非常低调，喜欢躲在幕后。美国著名作家斯诺写《西行漫记》的时候曾经提到周恩来，他说周恩来永远"小心翼翼地把聚光灯打到毛泽东身上"，这个6号的写照非常生动。6号是喜欢站在幕后的人，所以他对一个喜欢站在舞台中央、喜欢在台前的人不太欣赏。很多时候，6号对

3号的态度是基于自己的标准，比如说6号永远在准备，永远觉得自己没有准备好，而3号是先冲出去再说，先上台亮相，但是不一定准备好了。3号有时候被诟病为喜欢出风头，因为大家认为当你站出来的时候，你的实力跟你的名气不匹配。对于特别喜欢默默地储备自己实力的6号，就更不认可3号了，6号需要被有实力的人保护和指导。3号的健康方向是6号，踏实准备，让自己名副其实，然后才站出来精彩亮相。

12.6号怎么跟1号更好地相处？

举个例子，有一次参加完公益活动，我去取寄存的包，当时排队取包的人特别多，每个人都有一个手牌，义工需要核对手牌才能领取存包。我说："不用找了，那个包就是我的，你直接给我吧！"现场的义工认识我，也知道那个包就是我的，但坚持要核对数字，还很严肃地说："你怎么不按规矩来呢？"当时就有一个信号提醒我，这个人可能是非常典型的1号。我们跟1号发生冲突的时候，第一要赶快认错，承认自己错了，第二要承认他是对的，所以我立刻就说："我错了，你是对的，请按照你的规矩来。"这时他的状态就不一样了，语气马上缓和下来。跟1号相处其实很简单，很多1号都是刀子嘴豆腐心。1号经常生气，对这个世界的不完美、对身边人犯错很容易发怒，而且遇到一件事，1号会发两次脾气，第一次对别人发脾气，第二次对自己发脾气，生气自己为什么要生气，生气自己不够完美。

13.每个人是不是都有自己的基本型号？可以通过自身努力改变吗？改变之后是否就变了另外一个人？

第一，每个人都有自己的基本型号，你有没有找到自己的基本型号？现在大家常说要活出自己，我说还要在前面加一句话：请先认识自己。如果没有认清自己、读懂自己，请问你活出来的自己到底是自我还是他我？

第二，找到自己的基本型号，每个人的缺点或者不足是可以改变的，要最大化地展现出最优秀的地方，不要老盯着自己的缺点。

第三，可以变成另外一个人，一个真正活出自我的人，一个你真正想要成为的人。

14.6 号需要安全感，那如何突破自己？

安全感对6号来说非常重要,6号怎样才会有安全感？他需要多鼓励，因为6号没有野心，他需要旁边人真诚地鼓励他，去助燃他内心的小火苗。6号很有责任感，愿意去支持他人，并忠诚自己的事业，你可以从这个角度去激励6号。

15. 怎样让1号讲心里话？

九个型号中有几个型号喜欢讲真话，1号、4号、5号，还有8号，这几个型号都很喜欢讲真话，都直接而坦率。如果有时候你觉得1号没有讲真话，那大概是因为他觉得在当时的情况下讲真话不是正确的事情，为了正确的目标，或者为了超级使命感、道德感，他可能会选择暂时不讲真话，但这种情况不多。1号对事不对人，4号则完全跟着感受走，所以4号也喜欢讲心里话。5号也爱讲真话，因为5号最关注实际和真相，佛祖释迦牟尼就是5号，佛家最讲究真实、真相。8号非常直接，不喜欢绕弯子，他一定会直来直去，所以他不喜欢自己或者别人讲假话。8号和1号常常因为讲真话而得罪人，你跟1号在一起不用担心，很多1号都是直肠子，不让讲真话他会很难受，他觉得讲真话是为你好，对你负责任，不管你是否爱听。说到这里，我会想起忠言逆耳这个成语，历史上有很多忠臣死谏的故事，那些人里面1号比较多，死都要坚持真理，坚持说真话，坚持说对社稷、对国家有益的话，可以为了使命而从容就义。1号一般不会贪生怕死，让整个世界完美符合自己的理想标准，这是比生死更重要的事情，可以让他们超越对死亡的恐惧。

16. 觉得自己小时候是 7 号，后来又觉得和 1、4、5、7 号都像，年纪大了却变成 9 号，为什么会觉得自己每个型号的成分都有呢？

这很有意思，变成 1 号说明你开始被环境和外界要求了，你自己也开始对这个世界有要求了，因为小孩的世界是无忧无虑的，孩子的任务就是玩耍，尽情地像 7 号那样贪玩。可是当你渐渐成长，你要融入这个社会，要学会跟这个世界相处，承担责任，接受规则，这时候你会像 1 号。在压力状态下，4 号容易逃避，逃避到自己的内心世界中，逃避到幻想中，青春期的少男少女比较容易出现 4 号和 8 号的某些特征，心智还不够成熟，情绪容易波动，悲春伤秋、迷恋偶像，或者血气方刚、鲁莽冲动。进入社会以后，按照世俗的标准，追求事业的成就，经营自己的家庭，为自己制定一个又一个目标，这很像 2、3、6 号。中年以后，内心世界逐渐成熟，性格也基本定型，对这个世界形成了自己比较稳定的人生观、价值观，观察、思考、反省的能力逐步上升，不再需要表面的繁华和喧嚣，这又会表现出 5 号的特质。人过中年，越来越成熟，你开始对一切都表现出云淡风轻，可能就越来越有 9 号的特征。

这种现象符合九型人格的基本原理：每个人一生中只有一个基本型号，但是在不同的状态下，基于生存、发展或者防御机制，也会表现出不同型号的性格特征。

第一讲

九型人格原理

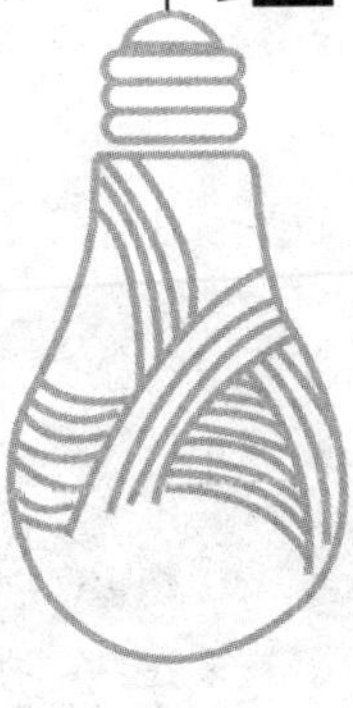

education
Success

学习九型人格以后，你们将会发现生命跟以前有些不一样了，因为你们看待世界的角度不一样了，甚至可能会觉得自己多了一只眼睛看世界，能够比以前看到更多，看得更深，当然这个更多和更深，首先是指看自己，然后才是看外面的世界。

一、为什么要学九型人格

九型人格是历史悠久的学问，也是很有效有趣的工具，很多人都非常喜欢九型人格。

传说在2500多年前，有一些游牧民族，他们放牧牛羊，逐水草而居。以畜牧业为生的他们经常会遇到一个问题：当他们找到一片水美草好的牧场时，另外的一个部族也同时到达了。于是，他们就要学会如何跟一群陌生人共同分享这片牧场，除了武力争夺之外，他们也要在一个漫长的过程当中学会如何跟不同的人友好共处，共同分享利益。

慢慢地他们发现这些不同的人，基本可以分成九种性格，但是当时没有文字记载，完全靠口耳相传积累经验。这是一种神秘的学问，到了近现代被一些研究者掌握并运用到工作和生活中，比如企业管理、夫妻相处、亲子教育等，大家发现很有指导作用。所以学习九型人格需要弄清的第一个问题就是：我们为什么要学九型人格这门课程？

九型人格最早在军队、情报领域使用比较较多，据说美国中情局、联邦调查局，以及西点军校都开设了这门课程。九型人格最神奇的地方是：当你掌握这个工具之后，可以在非常短的时间里透过一个人的说话（音量、语速、发声的部位）及表情、穿着打扮、肢体语言等，初步了解这个人的一些性格特征。基于这种作用，一些企业在商业活动中也开始学习和应用，国外有些大学的 MBA 也开设这门课程，我国有的高校也准备将其定为选修课。我曾经在一些大学讲过九型人格的入门知识，很受师生欢迎，几乎每场都爆满，从事大学生心理健康辅导的老师们也非常认同。

在不少世界 500 强企业的员工培训中也会安排九型人格课程。他们用九型人格来做什么呢？对于一个企业来说，销售人员天天跟客户打交道，客服人员要收集处理客户反馈的问题，还有人力资源部门的招聘、面试，这些都要体现与人相处的艺术，都可以用到九型人格，帮助你在很短的时间内对人作出判断。在日常生活中也可用于巩固夫妻感情、融洽家庭关系，比如一对恋人分开了，常见的理由是性格不合，那是怎么不合呢？我们就可以通过学习和研究九型人格来了解、修复和创造更积极健康的夫妻关系。

九型人格在亲子关系和子女教育方面也有很积极的作用，从事教育工作尤其是基础教育工作的老师们，将九型人格用在学生心理分析和个人成长方面也卓有成效。我们常说性格决定命运，每个人回首自己过往的人生，对这句话都会有一些或深或浅、或多或少的体会，在人生的重要时刻、关键时刻，往往都是性格决定选择，所以学习九型人格对养成良好行为习惯、培养积极向上的性格，以及做好人生规划都有特别意义和重大影响。

在学习之初，大家最关心的一个问题：我是几号？

这是一个特别重要的问题，怎样才能知道自己是几号呢？在本书中我将一一作答。

二、社会环境对性格的影响

人们都很好奇，想了解自己，也想了解周围的人，其实每个人就是一个小宇宙，当你真正完全透彻地了解自己以后，也就了解了别人，因为“人所具有的，我无不具有”。这是古希腊神庙柱子上刻的一句箴言，怎么理解这句话的含义呢？我觉得能够走进自己的内心世界，你就有能力走入别人的内心世界，学习九型人格就是要回答“我是谁”——这个重大而又迷人的哲学命题。

每个时代都有不同的潮流和文化，潮流和文化影响到父母，父母又用时代主流的价值观来教育孩子，这种教育和熏陶就会影响到孩子的性格。人的性格又会影响和构成价值观，个体的价值观组合在一起又会反作用于整个时代的潮流和文化。

回想一下，60 年代最光荣的职业是解放军，年轻人能穿上军装是整个家庭的荣耀，绿军装、解放鞋和黄挎包，是那个年代最潮流的衣着；80 年代流行当公务员、去国营企业工作，都希望有铁饭碗；后来大学生成为“天之骄子”，再后来人们都下海经商、当个体户，拿着大哥大的“大款”成为大家最羡慕的人。潮流不断变化，影响着每个家庭的教育，也最终影响到每个人的成长环境。

2012 年，我应邀去某大学给毕业生做职业规划演讲，我设计了一个课前问卷，其中有一道题：你毕业之后最想从事的职业是什么？为什么？结果让我很惊讶，现场两百多名大学毕业生中，90% 以上的回答是想当公务员，原因是可以拥有权力。当时我觉得有点不可思议，但是这个现象的根本原因不在学生身上，而是整个社会的影响，平时父母对他们的熏陶和引导。比如在放学回家的路上、在饭桌上，父母都会和孩子说：要努力学习，然后长大了可以当官……如果现在你有孩子，你还来得及去影响他，从哪里入手呢？从自己的性格入手，先认识自己，然后调整和提升，成为更美好的自己，传递给孩子正能量。

三、九型人格的区分标准

想要知道自己是几号，有一个非常简单的标准，用两个最简单的问题问自己：一是内心最想要的是什么？也就是基本欲望是什么？有一个朋友工作忙没时间陪儿子，她很纠结，不知道该怎么办？我就直接问她，你最想要什么？其实我们在困惑和迷茫的时候问这个问题特别有效。二是你最害怕的是什么？也就是基本恐惧是什么？

欲望和恐惧像一枚硬币的两面，欲望背面就是恐惧。

在人生的不同阶段，欲望和恐惧可能不一样，小孩子和成年人的欲望和恐惧会有所不同，但是一定有一个欲望是你一生当中始终清晰的、强烈的、不愿意放弃的，那就是你最基本的欲望。小孩子多数表现为直接欲望，基本欲望都不会很清晰，因为他们的心智还不成熟，对自我的探索还未真正开始，有很大的可塑性，不够稳定。

基本恐惧也一样，有人说每个人都怕死，但是纵观中外历史，你会看到有很多人为了自己最深层的欲望而不怕死，历史上很多著名的人物都是为了自己的信仰而无惧死亡。这也是我讲解九型人格的时候一般喜欢用历史人物或当代名人来做代表人物分析的原因，回过头去看这个历史人物的一生，这样比较容易分析总结。所以，我不建议初学者用比较亲近的人做九型人格分析，但你可以分析自己。

对照这个标准，每个人可以想一想或者问一问自己：你最想要的是什么？你最害怕的是什么？

不是今天这样、明天那样的，而是一以贯之、始终不变的，这就是我们所说的基本欲望和基本恐惧。九型人格原理当中，不同性格的人欲望和恐惧都不一样，每一个型号都有自己的特点。

四、九型人格的三元组分类

按照九个型号的能量和内在驱动力，九型人格可以分成三组：情感组、思维组和本能组。2、3、4 号都属于情感组，5、6、7 号属于思维组，8、9、1 号是本能组，这称为“三元组的辩证结构”。

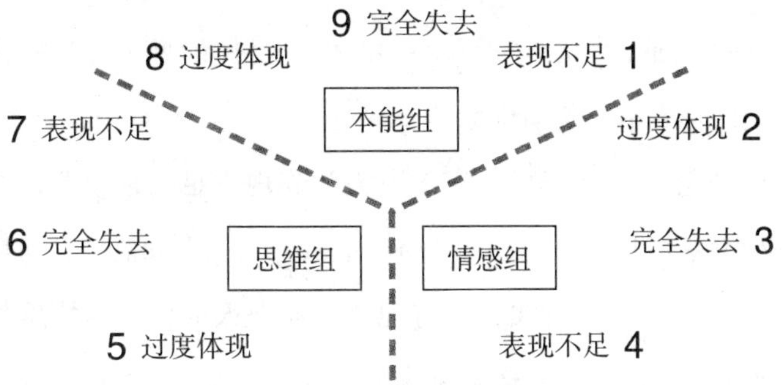

图 1　三元组的辩证结构

三元组分类的意义是什么呢？

每个人都有思维、有情感，同时也有本能欲望，为什么会把它分成三组呢？人们在成长的过程中，为了更好的生存和自我保护，慢慢会形成一套自己的防御机制，比较熟练和擅长使用思维、情感和本能中的一种，其他两种因为用得比较少，慢慢就荒废或沉睡了。这样长时间积累，再加上思维、情感或者本能反作用于我们的性格，我们就慢慢“活”成了某个型号性格的人物。不过，大家要明确一点：健康的人三个部位都同时在工作，这里的健康不是身体方面的，而是九型人格所指的一种积极正面的状态。

有时候，我们是因为环境的影响和要求而“被成为”某个型号，有时候，某种性格却是与生俱来的。怎么理解这句话呢？举个例子，情感组 2、3、4 号，他们的能量更多来自情绪和感受，比较常用情感的能力，这组人情绪变化大，比较情绪化，喜怒哀乐都写在脸上，他们做事情或做判断、决定，更多依赖于情绪感受。对于思维组 5、6、7 号的人来说，他们更愿意运用头脑思考的力量，情感组的人喜欢分享和交流，但是思维组的人更愿意沉默，他们怀疑一切，喜欢观察、分析、求证，并且享受这个过程。本能组的能量来自本能欲望，容易冲动，充满了高能量。

思维组的人进入陌生的环境会先观察，一般不会先发表意见；情感组的人比较喜欢分享，朋友圈里喜欢分享的人，属于情感组的比较多；本能组的 1 号和 8 号容易愤怒和生气，因为他们大部分能量来自本能。每个人也可以感受一下，开心或不开心的时候，身体的哪个部位有比较明显的感觉？这跟你在哪个组有关系。

每个组还会有过度表现、完全失去和表现不足三种情况，这又怎么理解呢？继续拿情感组举例，2 号的基本欲望是被爱和需要，所以他就会对别人过度讨好，没有自我，只有他人，以他人的快乐为快乐，这种状态叫作过度表现。3 号是完全斩断情感连接的，为什么？因为 3 号目标感强，追求结果，要做一个成功的人，要实现目标，要有价值，要被接纳被欣赏。所以，在基于目标行动的过程中，为了不让情感牵绊和干扰自己，3 号就生硬地把情感完全斩断，这样时间一长，3 号跟自己的内在情绪失去了联系，所以 3 号往往容易迷茫，觉得孤独，3 号的亲密关系和人际关系也往往容易亮红灯。

4 号在情感组里属于表现不足，为什么说 4 号容易出艺术家？因为情感表现不足的时候就需要用另外一种方式来表现，创作就是另外一种表达的方式。4 号跟人的互动不够，比如王菲，整场演唱会自己一个人一首接一首安静地唱，连报幕都省了，完全在自己的世界里，跟观众几乎没有互动，明显区别于其他性格的艺人。我们说 4 号有些高冷，其实不是高冷，是因为情感表现不足，不知道怎么像一个普通人那样去表达，他更关注自我的内心世界，不像 2 号关注他人的需求多于自我的需求。这方面 4 号跟 2 号反差很大，2 号自带社交属性，人缘好，可以跟人保持很好的连接。

1. 情感组

主要用心区来工作的这个组叫心组，也叫情感组，情感组往往跟内心的关系比较密切，2、3、4 号属于情感组，这三个型号跟情绪和情感的联系比较多。其中 2 号是表现过度，过度热情，对人特别好，好得没有自我，甚至牺牲自我；3 号是完全失去，3 号为了目标而活，觉得情感的联系是牵绊，会干扰自己实现目标，所以把情感联系完全斩断；4 号是表现不足，4 号拥有最丰富细腻的情感，但是没办法表现出来，也很痛苦。为什么 4 号比较容易成为艺术家？因为 4 号或多或少都有社交恐惧和障碍，不知道怎么和人保持良好的关系，也不喜欢积极开创新的关系。情感表现不足的时候，4 号就喜欢用艺术的方式来表现。很多艺术都来源于痛苦，无法像普通人一样正常表达情感的痛苦。2 号则完全没有这个问题，他是天生的外交家，善于跟每个人都建立很好的联系，2 号人缘特别好，跟陌生人建立联系的那种纯熟和自然是一种天赋，你只能羡慕，学不会。

4 号很难碰到懂自己的人，他的基本欲望就是有人能够懂他、理解他，他就觉得难能可贵。比如王菲可能就是表现不足，在舞台上她很少跟观众互动。3 号的眼睛里只有人生目标，跟情感完全失去联系，我们会觉得他很功利，聊天不超过三句话就会谈到目标和结果。不是 3 号有问题，而是他完全失去了情感，他把所有干扰和妨碍实现目标的情感全部斩断了。送给 3 号一句话：许多人关心你飞得高不高，我只关心你飞得累不累。

情感组的人不是不用头脑思考，而是遇到事情的第一反应是往个人情感上靠。特别愿意分享的人，相对来说情感组的比较多。微信朋友圈一天分享好几次的人，2、3、4 号居多，因为情感太丰富，需要寻找一个地方释放，寻找外界的回应和交流。当你不懂九型人格，没有学会运用这个工具的时候，你觉得跟有些人沟通很困难，那是你没有走进他的世界。

2. 思维组

5、6、7 号是思维组，这三个型号主要依赖脑部的运作来跟外部世界互动，所以这个组容易给你一种感觉：这个人怎么好像没有情感啊，因为他不是用情感来跟外部世界互动的。这不代表他没有情绪和感受，只是用得比较少而已。情感组的人会觉得思维组的人是不是来自火星啊，我们讲的是同一种语言吗？思维组的人同样也没有办法理解，你们情感组的人为什么每天都有那么多的情感要抒发呢？

在 5、6、7 号里面，5 号是过度表现，5 号一般大脑特别发达，是最强大脑，完全依赖脑部工作，对物质享受和生活舒适度没有太高的要求，标准的“理工男”符合这个特征。6 号是完全失去，6 号很忠诚，特别服从管理，有时候甚至是盲从。他不是没有脑袋，只是完全失去思维的能力，不相信自己的思考，只希望跟随和支持别人。7 号是表现不足，7 号有时给人的感觉就是没脑子，在压力状态下喜欢逃避和懒于思考。

3. 本能组

心组的能量集中在情感，脑组的能量集中在思维，腹组的能量集中在本能。8、9、1 号属于本能组，其中 8 号是过度表现，好动、喜欢惹事、享受冲突，有事没事都要搞点动静，他没办法过安逸太平的日子，他喜欢在冲突中体现原始而热烈的本能和欲望。9 号是完全失去，你觉得这个人好像完全没有生活的激情、欲望、野心，没有攻击性，跟他在一起很平静。1 号是表现不足，他活在理想当中，有一个特别崇高的理想，高到很多人都觉得不可能实现。比如说孙中山先生就可能是 1 号，他领导辛亥革命推翻两千年的封建帝制，在此之前的许多中国人连想都不敢想，觉得这件事风险太大、难度太高。可是本能组的人不管，他一定要去做，像愚公移山一样，这一代做不完，下一代就接着做，被超我所引导。

本能组的人调整和改善的关键就在于怎样去平衡欲望和本能，有时你会被生命的洪流所淹没，但如果你有足够的智慧和自知之明，你就可以在生命的河流上驾舟畅游。保持平衡的能力很重要，要跟体内的洪荒之力做好朋友，不表现过度，也不完全失去，或者表现不足。

五、基本欲望和基本恐惧

九型人格除了三元组分类之外，还可以依据基本欲望和基本恐惧分类。基本欲望是你最想要的，当你得不到的时候就变成你最恐惧的了，其实就是一个硬币的两面：人类所有的欲望下面都是恐惧。

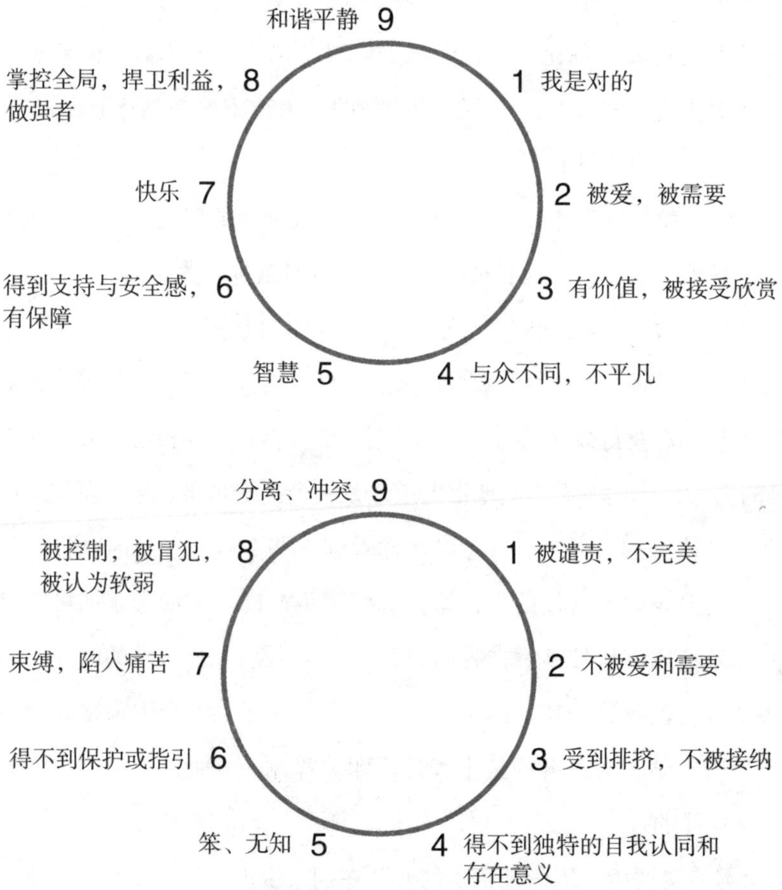

图 2　九型人格基本欲望、基本恐惧九柱图

最害怕和最想要的是什么？这是一个非常容易区分的标准。

1. 基本欲望

1 号的基本欲望是我要做对的、正确的事情。生活当中有一些人，讲道理你是永远讲不过他的，我们叫他“常有理”，你千万不要跟这种人去争辩，虽然有时候他不一定是对的。对这类人来说，他们人生的基本欲望就是：我要证明我是对的、正确的，所以你去跟他争辩的时候就触碰了他的基本欲望，基本欲望是他活在世上最大的动力之一，必须要全力维护。学了九型人格之后，当你再碰到这一类人群，就不要在对错方面跟他争执，因为那是无效的。1 号要做一个正直高尚的好人，对自己的道德评价和道德要求都比较高，在纪委监察、司法系统等需要坚持正义的部门相对来说 1 号人物比较多，因为他的人生欲望就是要做正确的事情，要维护公正，成为具有高尚情操的人。

2 号的基本欲望是被爱和被需要，2 号最强烈的感受就是我在这个世界上是被他人所爱的，也是被需要的，尤其是被弱势人群需要。2 号喜欢请客，喜欢做媒，喜欢借钱给别人，一般会选择服务性工作。2 号愿意跟所有人搞好关系，2 号的人缘为什么那么好？因为 2 号对于被爱、被需要特别贪婪，对获得爱和认可永远不满足。2 号喜欢身体接触，要快速走进 2 号的内心，不用滔滔不绝地讲大道理，一个拥抱足矣，但是思维组的人不喜欢身体接触，尤其是 5 号。当你看到一些 2 号的分享时，你跟他有共鸣，觉得我就是这样的人，觉得看到了跟自己一样的人，那可能你身上的 2 号特质就比较高。在我的课程中，讲到某一个型号的时候，会请那些觉得自己有这种特征的学员上来分享，这样大家会因为很直观地看到生活当中某一类人群的集中表达而印象深刻——哦，原来这个型号的性格是这样的。

2 号容易受挫，因为他快乐的开关在别人手里。很多 2 号活得累，因为要得到很多爱，就要不停地付出，去服务更多的人。2 号很容易被自己的这种道德感绑架，因为他觉得自己是个很有爱的人、努力付出的人，但 2 号所有的爱和付出都希望得到回报，得到爱的回应。

3 号的基本欲望是活得要有价值，需要觉得自己很优秀、很重要，被主流社会接受和欣赏。3 号做事情喜欢跟目标和结果挂钩，是不错的推进者，善于整合各种资源，所以如果你想要创业做事，选择 3 号作为合作伙伴很合适，他也很适合做销售、市场推广和职业经理人。有价值往往就意味要着符合主流价值体系，生活中有一些人喜欢做一些非主流的事情，或者比较边缘的事，在这些人中不太可能看到 3 号，即使有，我们往往也称之为“发霉的 3 号”，就是在压力状态下 3 号被抑制了。如果你要表扬一个 3 号，就在人多的地方给他铺红地毯，给他鲜花和掌声，最好还有许多相机对着他，这样他会很喜欢、很享受。当然对于有些型号，如果你想要表达对他的欣赏，就千万不要用这种方式，因为在这样的场合中他可能会觉得不安全，被曝光在大庭广众之前——虽然你的出发点是好的。学了九型人格之后，就会区别对待不同的人，不会好心办错事。

4 号的基本欲望是与众不同，做不平凡的人，但是否成功、正确，或者被别人所接受都不是最重要的，他要的就是跟别人不一样。张国荣的歌曲《我》中有一句歌词：我就是我，不一样的烟火，这非常准确地表达了 4 号的心声。4 号跟 2 号、3 号的区别是：2 号和 3 号与外部世界是有联系的，4 号却最愿意跟自己的内心联系。1 号一般活得“超我”，有一些人坚持原则、不近人情，坚持做自己认为正确的事情，坚持到固执，那么这个人可能是 1 号。4 号往自己内心走，关注自我感受，很多 4 号让人觉得有艺术家气质，孤僻、不合群、多愁善感，内心戏丰富，情感细腻。

5 号需要智慧，要成为行业里的专家，世俗认为的成功不是 5 号认为的成功，5 号愿意探索未知的世界，对事情的原理、起源很关心。5 号常常会做一些普通人看来没有什么实用价值的事情，比如福尔摩斯就是个 5 号，他写过一篇论文《论 54 种灰尘的不同表现》。遇到 5 号你就直接问：

“你最近在研究什么？在读什么书？”5号就会觉得你是个可以交流的人。有一次我组织面试，感觉候选人像是5号，我就开始用5号的语言跟他沟通，问他最近读了什么书，喜欢书里的哪些话，我想从读书的角度了解他的内心世界。那个候选人好像一下找到了同道中人，跟我很轻松地聊了很长时间。后来那个5号也来了我们公司，业绩做得很好，工作计划严谨周密，自己设计了一个复杂的系统来支持每天的工作安排。

关于6号，先讲一个二战时期的故事：1945年8月，日本天皇宣布战败投降，在菲律宾的吕宋岛上有30万日本军队，他们都等着美军来接收战俘。美国人实在搞不懂，因为他们只来了1000人，来接收和管理30万战俘，但是所有的日军都非常配合，积极缴械投降，并帮助美国人搭建宿舍和战俘营，美国人没有办法理解这种强大到近乎盲从的纪律性（参见电影《罗曼蒂克消亡史》）。为什么举这个例子？因为6号的执行力和纪律性就特别强，特别忠诚，他关注风险，基本欲望是需要得到支持和安全感，要有较好的保障，所以公务员、军队和司法系统里6号比较多。6号特别看重安全感，喜欢储蓄，其实6号很聪明，只是他没有自信，选择跟着老大走，这样能保证自己的安全。6号在会议室老担心吊灯会不会掉下来，会想拿个网子兜一下，别人会觉得这种人太没有情趣了，但这就是不同型号的人看待世界的不同方式。6号要有保障，不愿意冒险和单打独斗，6号创业的概率相对来说比其他型号要小很多。由此可见，学习九型人格对人们做职业规划也是有帮助的。

很多人想当7号，因为他们觉得7号很快乐。7号虽然在思维组，但是大家觉得他不像思维组，因为他“没心没肺没脑子”。7号的基本欲望是自己快乐，在怎样让自己开心快乐方面创意无穷，曾志伟、任贤齐、刘嘉玲、周星驰应该都是7号。当提到一个7号的时候，你往往情不自禁地微笑，因为只要他在就一定有笑声。漫画家朱德庸也应该是7号，他的漫画风格是特别搞笑、好玩的，而在几米的漫画里，我们则会感受到浓浓的诗意，还有一种淡淡的忧伤，包括漫画人物的表情、服装、用色等，比如《向左走向右走》这个作品。7号作者喜欢使用非常鲜明、特别夸张的颜色，让人们读他的作品时会感到快乐。对7号来说人生最重要的就是快乐，要丰富多彩。人生不如意十之八九，那么7号遇到烦恼和痛苦的事情怎么办呢？他们是九个型号中逃避痛苦最快的人。有很多被压力和烦恼所困扰的人都很羡慕7号，也想成为一个7号，但他们不知道，不是7号没有痛苦和烦恼，而是你根本就看不到7号的痛苦和烦恼，7号拒绝让自己停留在痛苦和烦恼中。

8号需要力量感，有英雄情结。很多男生想把自己归到8号，很多女生也想找一个8号做伴侣，觉得可以保护自己。其实人群中的8号很少，因为8号是做老大的人。有很多人非常从众，都是被领导、被统治、被控制的角色，是“沉默的大多数”和“看客”。8号有一个非常鲜明的特点就是控制，而且是掌控全局的绝对控制。8号对权力的欲望非常强烈，很多8号性格的人热衷于权力，因为拥有权力就可以掌控全局做强者。8号要带领着小弟小妹们，要保护他们，要展示力量。在展示力量的行为中他可以得到好处：有人愿意追随他、崇拜他，然后又促进他继续展示力量。健康的8号要调整、进步的方向是2号，愿意谦卑地服务别人，力量不是用来展示的，而是去服务更多的人。8号在三元组里是过度表现的，过度就意味着他的洪荒之力经常失控，他无法控制欲望和本能，所以8号脾气暴躁，容易跟人起冲突，容易有暴力行为。有一个8号小时候特别爱打架，长大以后不能打了，那怎么办？玩游戏，尤其是战争类、对抗类游戏，在游戏的世界里，以社会能够允许的方式继续享受征服和控制带来的快感。

6号和8号容易被混淆，因为在生活中有一些6号会觉得自己是8号，当然8号很少觉得自己是6号。比如动物基本上不会主动攻击人类，但是当它觉得生存受到威胁时就会主动进攻，先下手为强，这时它们的信念就是“进攻是最好的防守”，它的进攻其实只是为了防守。以此类推，有些6号会表现出8号的攻击特征，我们称之为“反6号”，但他并不是8号。以足球为例，有些国家的足球赛观赏性比较差，因为是防守型的，这种类型的球队觉得只要防守好就行了，导致比赛中很长时间都不进球，场面不激烈，很无聊。观众可能都更愿意看进攻型的球队踢球，有很多的进攻、射门，很多点燃热情的比拼。有时候看球赛，就可以看出这个国家的文化或者这个球队的文化，看出哪种性格更多一些。

9号希望和谐安宁，他特别好说话，什么都无所谓，怎么样都可以，像个受气包，大部分人都会问：9号的生命激情去哪了？其实他是洪荒之力没有释放出来，特别能忍。人们常开玩笑说9号里特别容易出高僧，因为他们无所谓，不执着于“我”。这里需要强调一下，1号到9号的数字本身并没有特别的意义，举个例子，很多人会纳闷为什么2号的基本欲望是要被爱、被需要，是不是他们很“二”？九型人格的数字是为了便于讲解，没有特别意义。9号和8号互为翼型，互为翅膀和邻居，但是9号和8号的反差特别大，9号最不愿意有冲突。很多人会觉得9号没出息，属于那种逆来顺受的人，觉得这种人窝囊，但是9号的内心欲望是天下太平，忍无可忍时还是可以一忍再忍。

2. 基本恐惧

讲完基本欲望，大家对于每个型号的基本恐惧也就比较好理解了。

1号的基本欲望是要做正确的事情，做对的事情，最恐惧的事情就是被谴责或指责不正确。1号为什么这么害怕被谴责，一心只要做对的事情呢？可能是童年时期，父母或抚养者的要求非常高，造成他很害怕被谴责，怕做错事情。所以1号在压力状态下会挑剔、刻薄，就像俗话说的“鸡蛋里面挑骨头”，很难有创新，也很难沟通和合作，因为他只追求不要做错，只做绝对正确的事情。1号是特别有道德优越感的一类人，他们可以做到很多人做不到的事情，也不会犯一般人的错误。他们高度自律，也高度律他，所以 1 号常见的情绪就是愤怒，因为世上没有完美的人，这个世界充满了错误和不完美，1 号很想修补这个世界，改正那些错误。举个例子：有一部美国电影《血战钢锯岭》，根据真实故事改编，战士多斯上了战场可就是不愿意碰枪，即使为此要上军事法庭也不改变，最后上级也妥协了，他作为医疗兵上战场。他用生命坚持的信仰取得了胜利，因为他的信念是修补这个破碎的世界，让世界变得更美好，而不是制造更多的杀戮和破坏，产生更多的不完美和错误。

2 号活得累，他们的基本恐惧就是没有人爱他和需要他，他的快乐开关在外面，如果身边的人不需要他的帮助，感受不到他人对自己的爱、需要和陪伴，2 号就会很痛苦，觉得自己没有存在的价值。2 号对爱的需求非常强烈，所以 2 号在九个型号当中尤为谦卑和乐于助人，他往往放低身段，因为他希望服务你。很多 2 号事业成功，却平易近人，愿意去服务别人，因为他以别人的快乐为快乐。2 号往往觉得自己可以为别人的幸福而失去整个生命，但是唯独忘了自己。在这个付出的过程中，他感受到莫大的幸福和快乐，感受到自己存在的意义和价值。在医护人员尤其是护士中，2 号比较多。2 号给大家的印象往往比较好，温柔、善良、体贴，关注你的感受永远超过自己的感受，跟 2 号在一起你觉得很舒服，因为他比你更了解自己的需要。很多时候我们和 2 号在一起，不知不觉中就会依赖他，2 号就像一个大保姆，方方面面照顾你。现实中，男 2 号和女 2 号都有，有的男生很喜欢照顾关心别人，就是所谓的“暖男”。在照顾别人的过程中，找到自己的存在感，用这种方式来获得别人对他的爱和依赖，同时也用爱和付出控制身边人，这一点是 2 号性格人物需要留意的地方。

3 号喜欢生活在主流社会中，要成功，要有成就，最大的恐惧就是不被主流社会接纳、受到排挤。现代社会的气质就很像 3 号，成功学满天飞，人们习惯用物质成就来建立评价体系。3 号还是九个型号当中特别讲究个人形象的，他们认为这是一个看脸的社会。有一个学员是3号，她想整一个好看的下巴，我问她会不会怕痛？她说为了一个好看的下巴死都可以。在这个例子里，下巴代表着个人形象，个人形象好意味着可以受到更多关注，3号就特别在乎外界的关注，他要让别人知道：我很优秀、很厉害、很能干。所以要把聚光灯打到3号身上，3号喜欢站在舞台中央。有的性格型号愿意做观众，但是3号绝对要做主角。如果你要组织聚会，或者召开一些大型的活动，记得邀请3号人物，他们可以为活动增光添彩，他们一定星光闪闪，成为全场最引人注目的那一个。3号在乎个人形象，特别注重自己的身材，也非常注重品牌，因为名牌代表着品质和成功，3号要借助那些名牌和奢侈品，表明自己等同于这些品牌的价值。

4号喜欢与众不同，最大的恐惧是得不到独特的自我认同和存在意义。在九个型号当中，最难了解的人就是4号，他们若即若离，表现特别情绪化，跟着感觉走。男人追女人，如果女人是4号，那男人肯定要吃点苦头，因为他搞不清楚她在想什么。有一对夫妻，妻子是4号，丈夫是8号，8号需要控制对方，但是他完全不知道妻子在想什么，所以两个人在一起发生了许多有意思的事情。新婚那天，妻子把家里的灯关掉，点上蜡烛和香薰，又在浴缸里放了很多玫瑰花瓣。丈夫回到家，第一反应是家里停电了吗？就把所有的灯打开，然后鼻子嗅一下，屋子里有什么奇怪的味道呀？又把窗户打开，最后找自己的妻子在哪儿？妻子正泡在浴缸里，放着音乐，端着红酒，娇滴滴地说："我在这儿呢。"丈夫一进卫生间就先把灯打开，"哎呀，这个浴缸怎么这么脏？赶快把花瓣全捞出来。"事后，妻子很郁闷，抱怨说要离婚，说先生一点都不浪漫，一点都不懂她，他们简直是两个世界的人，这就是不同型号之间的有趣故事。

5号的基本欲望是追求智慧，最害怕比别人笨，害怕自己无知。3号嫌别人慢，5号嫌别人笨，很多5号会经常说：你怎么这么笨？5号觉得这个世界是迷宫，只有他知道出口在哪里；5号喜欢思考，喜欢探索事物的本质和源头，探究未知的世界。比如写《物种起源》的达尔文，大学毕业后不找工作，就跟着一条考察船环球旅行了五年，带回很多动植物标本进行研究，一直乐在其中。

6号的基本欲望是要有保障和安全感，要过稳定的生活，最害怕得不到保护或支援。从基本恐惧来看，6号是这个世界上最好的支持者。2号的谦卑里面藏着骄傲——我是一个有爱心的人，我的付出是我的骄傲，但6号是真谦虚，不愿意做老大，总觉得自己实力不够，永远都在做准备，其实很多时候他已经准备好了，所以6号需要很多鼓励，才能跨出安全区去冒险。如果6号愿意站出来做一些事情，人们会发现他的能力早就超越了那些事情的要求。6号危机感最强，他一旦出手，要做的事情往往成功率比较高，因为他把所有的风险都想过了，他在做准备的时候已经把最差的结果全部想了一遍，做好了应对的措施和最坏的打算。有一种人，出门会背很大的包，哪怕只是出差一天，包里也会放满了应对各种情况的物品，这种人可能是6号。6号学员来上课会想：今天课堂上有学员晕倒怎么办？有人生病怎么办？种种事情都会想到，他会把所有的风险全部都考虑到并准备好对策。6号会带来安全感，他的忠诚度也很高，因为对于他们来说忠诚就意味着安全，很多6号十几年、几十年在同一岗位上工作。管理者身边有6号很幸福，因为他靠谱，你可以安心地把重要的事情交给他。

7号要快乐，最害怕束缚和陷入痛苦，最害怕被人管，所以7号一般不会选择按部就班和重复单调的工作。我有一个7号朋友，因为工作需要经常到世界各地出差，可能昨天刚回来，今天马上就要走，一般人大概会觉得不胜其扰，但是他很喜欢这种工作。想象一下，这样的生活你能接受并享受吗？工作总是到处跑，每天在不同的酒店醒来。前面讲到如果你组织聚会，一定要请到3号，那么同样还要请到7号，7号特别会搞笑和愉悦氛围，但是他很少考虑别人的感受，这跟2号不一样，他关注的是自己是否快乐，有时还会把快乐建立在别人的痛苦之上。7 号容易显得比实际年龄更年轻,《射雕英雄传》里的老顽童周伯通就是非常典型的 7 号。即使上了年纪，7 号走路也像脚底有弹簧一样，他永远保持纯真的、孩子般的心态，很多人喜欢跟 7 号做朋友，觉得 7 号很可爱，而且一直保持积极乐观。

对于 8 号来说，你千万不要去冒犯他，或者挑战他的权威——虽然 8 号自己很喜欢挑战权威。跟 8 号相处的时候，你只要告诉他：我愿意被你“罩”着，愿意忠心耿耿地追随你，做你的追随者，永远跟你同一个立场，这样 8 号就会觉得跟你在一起有安全感，否则 8 号会把你当成假想敌。8 号最不能容忍世间的不公平，不能容忍别人的欺骗和背叛。8 号需要建立和拥有自己的权威，他们特别有权威感，所以跟 8 号在一起要特别尊重他，哪怕他年龄比你小也要尊重他。我觉得俄罗斯总统普京应该是 8 号人物，他喜欢展示自己的力量，比如开飞机、赤裸上身、在冰天雪地中格斗等，8 号人物愿意用这种方式展示自己的力量和强大。有别于其他型号，力量对于 8 号有特别重要的意义，借助力量的展示，8 号可以扮演强者和保护者的角色。普京曾说：“俄罗斯土地辽阔，但是没有一寸土地是多余的。”这是典型的 8 号宣言。

跟 8 号完全不同，9 号的基本欲望是和谐，最害怕的就是冲突，他是老好人，害怕压力和分离。有很多 9 号，在一段恋爱关系中宁可冷战，也绝对不会跟你提出分手，因为他害怕分离，宁愿拖着。9 号脾气好，你很难跟 9 号吵架，根本吵不起来。一些 9 号的外形，让人一看就感觉很柔软，没有攻击性和压力，他们没有野心，不爱竞争，随波逐流，不会对你有威胁，走路说话都慢吞吞，比较适应慢节奏。如果不了解这些，急性子型号（比如 1、3、7、8 号）跟 9 号在一起，会发生很多冲突。

讲了九型人格的基本欲望和基本恐惧，大家在心里可以自己做一个初步归类：我是几号？

3. 对基本欲望和基本恐惧的运用

当你了解了每个型号，也就知道如何赞美某个型号，能够把话说到他的心坎儿上。公司的人力资源部门要去评价考核员工的时候，特别需要九型人格的指导，这样能够走入员工的内心，给予特别有效的表扬和鞭策。哪怕是批评别人，也要选好角度和方向，千万不要批评一个人的基本恐惧，那会让人感到内心深处的不安，比如你不能说1号不坚持原则，所做的事不正确；不能说2号不懂得付出，对别人不温暖。

当基本欲望没有得到满足的时候，人就会掉入基本恐惧之中，而基本恐惧会成为一种动力，推动人们去实现基本欲望。在健康状态下，你实现了基本欲望，就会不忧不惧，但是这需要一个慢慢调整的过程，不能追求速成，成长是悄悄发生的变化，要慢慢来。

每个型号都有一个独白，哪一句独白是你内心中最常说的？比如我要成为一个什么样的人？

我要成为一个乐于付出的充满爱的人；我是一个很杰出、很优秀的人；我是一个与众不同、想法独特的人；我做了一件从来没有人做过的事情；我创造了很多艺术作品；我把笑声带给大家；我是一个忠诚的守护者；我点亮了智慧的明灯……哪句是你最想听的内心独白？

不同的评价，送给不同的人，而且这个评价刚好是他想要的。比如说5号，如果你在他的墓碑上写：这里躺着世界上最有智慧的人，智者长眠于此，5号就觉得死也瞑目了。对6号说：这是世界上最忠诚的人，你可以把金库的钥匙交给他，这就是对他的最高评价。对7号说：这个人一生都很快乐，给无数人带去了快乐，有他在，这个世界就没有烦恼。对8号来说，强者两个字足矣。9号是一个老好人，他给这个世界带来和平与和谐，1号是正直、正义、规则的化身。

有的人是“被”几号的，但是当他有机会了解自己，他会发现自己原来不是那个型号，他是为了更好地生存，为了满足各方面的期待和要求，才被迫表现出那个型号的特征。

每种型号都有常见行为，比如 1 号对别人、对自己要求都很高。2 号愿意讨好别人，取悦别人，希望得到别人的爱。那 3 号呢，你只要问 3 号最近在忙什么，3 号肯定说自己在不断地追求目标。有一个 3 号说工作很累，身边的朋友建议 3 号去锻炼身体、放松心情，一个月之后 3 号回来跟大家报告说："我在健身房拿了个第一名。" 3 号永远跟目标在一起，目标是 3 号存在的价值。4 号喜欢幻想，比较情绪化，活在自我的世界里，自己跟自己玩，想象力特别好，而且这种幻想是上瘾的，4 号容易沉浸其中，甚至可能产生自虐倾向。5 号认为想过就等于做过，他要去旅行，拿着行李走到客厅的时候，突然停下来问自己：旅行有意思吗？不就是去一些不同的城市、不同的车站机场，在不同的酒店睡觉，在不同的景点拍照……没意思。于是他在客厅停下来，把行李打开，东西放回去，还会告诉朋友们旅行回来了。这是真实的故事，《旅行的慰籍》里面就讲了这样一个旅行的过程，作者是一个非常典型的 5 号人物。

6 号的安全感来自外界，他喜欢储蓄，希望有个很好的领导，会找一个很强势的伴侣，因为这些都能带来安全感。6 号衣着朴素，不引人注目，像个隐形人，丢在人堆里找不着，因为那样最安全。6 号适合做间谍，潜伏在哪里都不会引人注意。6 号把各方面关系都处理得特别好，因为他需要生活在关系网当中，他觉得一个人待着是不安全的，一定要在人群当中才安全。6 号特别有集体荣誉感，愿意为了团队的荣誉而做出牺牲，对团队忠诚，所以做企业带团队，就需要特别多的 6 号，那样执行力和配合度都会很好。如果一个人十几年、几十年都没有跳槽，那他很可能是 6 号，跳槽会让 6 号觉得不安全，未知的世界、未知的行业和团队是不安全的。

7 号要寻求新鲜、刺激。在思维组里面表现不足的 7 号需要到外部去寻求刺激，7 号有一个翼型是 8 号，所以他容易接受欲望的刺激。

8 号特别现实，4 号却很浪漫，活在想象当中，8 号会打破浪漫，面对现实生活要有权谋、有城府。8 号在本能组里面是表现过度，所以他的行动力很强，跟 8 号沟通的时候不要长篇大论，也不要阐述太多概念和定义，因为他没有耐心，如果你慢吞吞地跟他讲话，讲了一大堆名词概念，他就会觉得不耐烦。8 号大概是九个型号当中最没有耐心的，他可能会不耐烦地打断你的讲话，跟 8 号讲话最好直截了当、开门见山，不要试探和迂回。8 号洞察力很好，很容易就看穿你，但是因为太容易冲动，所以有时候也容易被蒙蔽。8 号领导搭配没有野心、善于筹划的 5 号军师，再加上强调风险和安全感的 6 号做参谋，这是很好的管理组合。

9 号随波逐流，很少努力争取什么，他觉得没有必要奋斗，缺乏生命的活力和拼搏的动力。

1 号常常想：我要做一个有责任感的人，这是我要承担的义务。1 号经常讲的口头语：必须、一定要如何如何、要讲原则、这件事情没有商量的余地，等等。1 号给人的感觉比较强硬，不近人情，关心事业，强调程序，注意细节，为了追求绝对正确和心中的完美主义而对人对己过于严苛。有一个学员曾经问我："怎样让 1 号讲真话？"这个问题就是没有学好的体现，因为 1 号肯定是讲真话的，他都不知道怎么讲假话，他要坚持正义、坚持真理，为了真理而奋斗，他最痛恨别人讲假话。

六、每个型号在健康和压力状态下的不同表现

九型人格中的健康状态又称为整合方向，意思就是提升的、让自己变得更好的方向。压力状态或者不健康状态又称为解离方向，意思就是变得负面的、消极的、有压力的方向。

1 号要提升学习的方向是 7 号，这时 1 号很有创意，幽默快乐，不教条死板，不以对错作为唯一的评判标准，性格变得更有弹性、丰富、开放。7 号提升向 5 号时，会愿意连接自己的痛苦，不再逃避痛苦，可以待在痛

苦里，也愿意把思维属性真正释放出来，做一个有智慧的快乐者。5号往往是思考的巨人、行动的矮子，他特别愿意思考，但是行动力不那么强，所以很多5号比较被动，在婚姻当中他是被追求的，处于被动等待的位置，因为他一直在观察。5号提升学习的方向是8号，开始变得敢于冒险，有很好的执行力，愿意站出来做决策、贡献智慧，这是健康的5号。

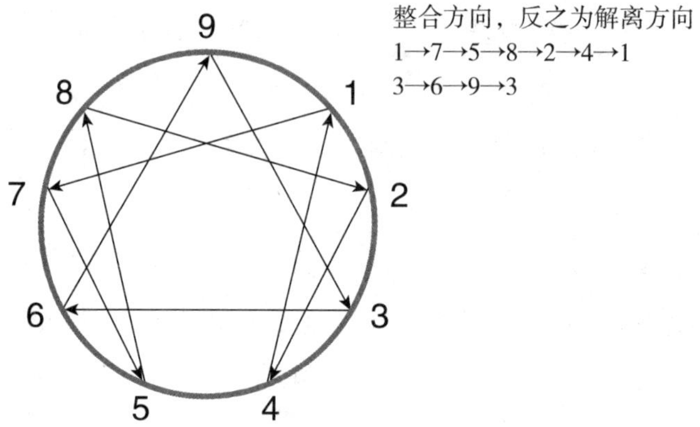

图3　九型人格的整合和解离方向

8号提升的方向是2号，不再想着要用武力去征服控制、用力量去赢得敬畏，愿意放低自己去服务别人，他知道一个好的领导者，或者说一个积极的人，一个足够优秀和完美的人，除了权力和威严之外，还可以用付出和爱来实现领导力，所以他愿意为别人付出，愿意跟这个世界建立友好温柔的联系，积极关心和同情弱者。

2号处于提升的状态时，不再只考虑别人的感受，开始真正地关注自己内心的感受和需求，健康的2号有自我，有界限，爱自己，懂得拒绝别人，不再一味讨好别人，不再用爱去控制身边人，学会无条件、不计回报的付出，这是健康的2号，他提升的方向是4号。

提升状态下的4号，不再沉浸在个人多愁善感的世界里，他走向1号，学习1号的高度自律，用崇高的理想和超我来引领自己，跟现实生活有很深的联结，而不只是跟随内心飘渺不定的感觉。

以上是每个型号活出了自己的健康状态，有调整和进步的方向，反之，每个型号也有压力状态。自己感受一下，沿着整合方向的反方向去看，那就是你在压力状态下活出来的型号，所以一个型号有时候可能会变成另外一种性格，那只是他面临的状态不同，并不代表那就是他的基本型号，这一点很重要。

3、6、9号是单独的三角形，健康的3号走向6号，3号平时很忙也很累，永远都在追逐一个又一个的目标，不太擅长建立良好的人际关系，3号喜欢做个人英雄，比如美国电影里的超人，他崇尚单打独斗的个人英雄主义，觉得自己很厉害。健康的3号不再单纯强调“我”这个个体很优秀、很厉害，开始走向6号，走向团队，自己的优秀和成功是因为有团队的支持，是因为背后有人搭好了舞台，愿意把个人的光芒消融在团队中。当3号走向6号，开始学习跟团队建立关系，愿意跟团队在一起，变得更踏实，这时3号可以提升他个人内在的领导力，得到更多的支持。他不一定永远在台上做演员，有时也可以做观众，做团队的支持者，为他人鼓掌喝彩。大多数6号非常焦虑惶恐，没有安全感，因为他内心消耗大，怀疑一切，海尔总裁张瑞敏曾说几乎每天晚上都失眠，永远在考虑海尔明天倒闭怎么办？当然很多大企业管理者都说过类似的话，比尔·盖茨曾说微软离倒闭只有18个月，一般说这种话的人，思维组的人比较多，大家可以去观察这种企业领导人的风格。健康的6号走向9号，他不再焦虑，完全信任这个世界，很放松。情感组的人就不太喜欢思考危机问题，思维组的人相对比较有危机感，总在琢磨最坏的情况。健康的9号去往3号，跟自己生命的欲望建立联结，不再随波逐流、逃避现实，为自己订立一个又一个目标，让人生有成果，并且开始为了目标而努力奋斗，关注结果，接受目标带来的压力，从观众席走到舞台的中央。

通过上图可以看到，顺时针就是我们每个型号走向健康的方向，反过来逆时针就是压力状态。比如不健康的 3 号去往 9 号，说什么也不想干了，放弃了，逃避吧！我要淡泊名利——其实 3 号很难淡泊名利，很难退出公众视野。不健康的 9 号就去往 6 号，他不再对人和对己都完全信任，而是充满焦虑，甚至有时会攻击别人，就是俗话说的把老实人逼急了，但他本质上不是 6 号，只是压力状态下的 9 号而已。不健康的 6 号去往 3 号，放弃安全和低调的一贯风格，变得注重个人形象，喜欢表现自己。

联系前面的基本理论，我们可以得出这样一个结论：一个人有可能活出五个型号。比如一个人的基本型号是 2 号，他可以活出本身 2 号的基本特征，也有可能会走向两个翅膀，体现 1 号和 3 号两个翼型的特质，同时在健康和压力状态下面又分别表现出 4 号和 8 号的性格特质。由此可见，每个型号都有提升和学习的方向，也都有需要注意和避免压力状态。

七、九型人格的基本原则

1. 一生中，每个人只有一个基本型号。

2. 每个型号旁边有两个邻居，称之为翼型或两个翅膀，有时候你可能会偏向于表现出旁边某一个性格型号的特征。比如说乔布斯，他是一个很典型的 4 号，但是很多时候也会表现出 3 号和 5 号的性格，因为 4 号的两个邻居、两个翅膀分别是 3 号和 5 号。有时候人们会变到翅膀的型号上面，这就是翼型理论，但这并不代表他就是翼型的性格，这也是九型人格初学者有时候容易混淆的地方。

3. 每个人在不同的阶段，1 号到 9 号性格可能都会有，但并不代表你就是那种性格——回到第一条，你只有一个基本性格。即使在同一种型号当中，每个个体也不一样。同样是 3 号，这个 3 号和那个 3 号是不一样的，章子怡可能是 3 号，邓文迪、李开复、王力宏可能都是 3 号，同样的型号里每一个个体又是独一无二的，这是九型人格特别有意思的地方。

4. 很多人学了九型人格之后会问一些类似问题：我为什么是 3 号？我为什么是 9 号？这个问题目前没有特别科学的论证，大家能够达成的基本共识是：一部分是先天的遗传，另一部分就是后天的生活环境，这两种因素综合影响造就了我们现在的人格型号，但是二者各占多少比例，却没有特别权威和科学的结论。

5. 在身体或心理的压力下，人们会活出不同型号的性格，也就是说有时候你会变成其他一种性格的人，不要以为你变了，那只是你在压力状态下的表现而已。

6. 每种性格型号没有优劣之分，不要依靠型号去评判别人是否优秀。每一种型号都有自己的优点，也会有不足之处，这取决于每个个体如何扬长避短，如何调整自己的状态，走向健康提升的方向。

八、学习九型人格的误区

很多学员学完九型人格就会想：我是几号？在回答这个问题之前？我想提醒你们几个常见的学习误区。

1. 一般来说人们都喜欢选“希望成为”的型号，而不是自己真正的型号，对自己不够坦诚，因为人都希望自己是好的，是符合自己理想的，所以就觉得这个型号不错，我希望成为这个类型，但每个类型都有自己的优点，也都有优秀的代表人物。

2. 根据一两个特点就轻率判断自己的型号。有人觉得自己是一个特别爱玩的人，特别会搞笑，那肯定就是 7 号；还有的人说自己小时候爱打架，喜欢用武力解决问题，那一定是 8 号，等等，这都不够全面和专业，所以不要根据一两个特点来轻率地判断自己和他人的型号。

3. 有人一会儿觉得这个型号好，一会儿觉得那个型号好，就在一些型号特点中挑挑拣拣，像吃自助餐一样，这也是常见的学习误区。

• 三山问答

1. 如何才能确定自己在什么状态，怎么区分健康和压力状态呢？

健康状态我们往往称之为顺境，压力状态其实就是逆境。你是否很喜欢目前的状态？比如你是两个小男孩的年轻妈妈，是很享受小家伙的童言稚语，很开心能够陪伴他们成长，还是觉得太烦了，总有做不完的家务，没人帮我分担，觉得做家庭主妇一点成就感都没有，很担心跟社会脱节……所谓的健康和压力状态，其实你自己是有感觉的，健康状态下各方面的表现都是自己想要的、喜欢的，压力状态下容易有坏情绪，有一些反常的行为特征，虽然可以调整，但是容易反弹。就像小孩可爱起来是天使，捣蛋起来是魔鬼一样。你要先去觉察自己的状态，知道这是某种状态下的一种表现，这样就能够“看见”自己、接受自己，这个“看见”很重要。

2. 总是担心过去的事情对现在有影响，即使不断调整也不行，还是会忍不住担心，这是为什么？

说到担心，其实九个型号都有自己的恐惧，担心是一种情感反应，跟情感组有关系，而自己有意识地调整属于思维行动，这又跟思维组有关系。所以你的调整实际上是脑试图告诉心：不要担心，也就是自己安慰自己，这不是从根本上解决问题，不会有很好的效果。你需要情感上的转变，让心告诉自己：不要担心，这才是你需要调整的方向。

3. 遇到事情容易想得太多，该怎么办？

解决这个问题，需要三步。第一步，确定你是三元组中的哪一组。第二步，确定自己是这一组中的哪个型号。第三步，看看自己在健康和压力状态下容易去往哪个型号。

4. 根本不知道自己想要的是什么，不知道人生的意义，该怎么办?

这是一个很大的问题，到底这一辈子要什么，其实就是你的基本欲望，人生的目标不清晰，所有的行动可能就没有意义。回到九型人格的基本欲望九柱图，看看你的基本欲望是什么？这是你最大的修炼。

5. 我很喜欢被人赞赏，但是大部分时间又觉得自己做的很多事情都不重要，即使做好了也没有成就感，为什么会有这种感受呢?

这个问题有没有一点自我矛盾？其实大部分人都喜欢被赞扬，都愿意被评价为杰出优秀。当别人赞扬你的时候，可能会从很多不同的角度和方向去说，比如说你很独特，你很正直，你是一个特别谦虚的人……这些赞扬的话是不是你最想听到的？如果这些赞扬里面，有你最盼望的、听着最舒服的，那这可以帮助你区分基本欲望。我觉得被人发现小事中的重要作用，是你最想听到的赞赏，但是也有可能你没有列出特别清晰的行为特征，我们不能一下就找到答案，你可以带着这个问题去学习。

6. 为什么我很喜欢“独特”这个词?

回答这个问题，要先区分两种情况，你是一直都喜欢独特，还是在目前这个阶段很喜欢独特？这个分类很重要。可能人在30~40岁的事业打拼阶段，都希望别人说自己很优秀、很能干，但是到了衣食无忧、没有生活压力的时候，就希望别人说自己很独特，甚至全世界都认为我不独特也没关系，只要自己觉得独特就可以了。同样是对“独特”一词的感觉，也有很多不同的形式，即使在同一个型号里面，每个个体也是独一无二的。

7. 好像知道自己想要什么，却又怀疑这是不是真的，这矛盾吗?

你是不是一个经常出现自我矛盾的人？如果你经常陷入自我矛盾，

容易怀疑自己，那可能你比较像6号，就是你的内耗比较多，这影响你做决定的速度和效率，也会影响到别人对你的评价，觉得你纠结、拖泥带水、不果断。再回到你想要什么这个问题，其实要找到自己真正的基本欲望是很不容易的，这个过程很容易受到外界的干扰，怀疑自己对人生意义的既定认识。这是一条漫长的寻找之路，不用着急。

8. 为什么我非常缺乏安全感？

每个人都需要安全感，不是只有6号才需要安全感。马斯洛需求层次理论认为，人的基本需要就是安全感，然后才是爱和归属、自我实现。缺乏安全感是一个很大的概念，比如没有人对我表达爱的时候，我就没有安全感；没有一个足够强有力的支持者和领导者的时候，我就没有安全感；或者说我找不到自己了，突然发现跟别人一样了，我认不出自己了，这个时候就没有安全感；还有人觉得我怎么一事无成呢？怎么我的理想都没有实现呢？我最近没有什么值得开心的事情，这时会缺乏安全感。每个人想要的安全感都不一样，给这种安全感定性，才是找到缺乏安全感原因的重要一环，学习九型人格就是为了定性、分类，找到原因，找到人性与心灵的结合点，也就会帮助你打破对安全感的恐慌。

9. 我每天都忙于一件又一件的事情，而且全身心投入其中，但是我又觉得结果怎样没那么重要，这是为什么？

对结果不在乎，可能说明你对自己每天忙碌的那些事情根本就不喜欢，你的全身心投入源自性格，而不是兴趣爱好。不是每个人都能做自己喜欢的事情，因为我们的选择会受到很多因素的限制。找到自己喜欢的事情，也就找到了自己真正想要的，明确了自己的基本欲望，也会逐渐地懂得自己。这是一条回家的路，回到内心真正的自我。

10. 我经常靠感觉去生活、去工作，做什么事都很随意，但是别人给我提要求，我也不会拒绝，这是为什么呢？我现在很痛恨自己生活没有

目标，随波逐流。

不要痛恨自己，因为痛恨会消耗你的能量，与其消耗能量恨自己，不如把能量用在追求积极的生活上，用在进步的方向上。你的优点和不足都跟你的型号有关，你的型号不仅让你付出代价，也能给你带来很多好处，就像硬币的两面。它属于你，是你独一无二的特征。

11. 我觉得自己同时符合 3 号和 7 号的特征，这是为什么？

从九柱图来看，3 号和 7 号没有关系，不是同一个型号的两个翼型，而且在健康和压力状态下，它们之间也没有任何的联系。觉得自己同时符合 3 号和 7 号的特征，这种感觉可能是你目前的阶段性反应，也可能 3 号和 7 号都是假象，你还没有找到自己真正的型号，相信更加深入的学习能够帮助你回答这个问题。

第二讲

2号助人者

内心独白

我乐于付出，善解人意，很容易跟人相处，我总是热情地满足他人的需要，别人很喜欢向我倾诉心事，当然我也很渴望得到爱与关怀，可是别人却常常忽略我。

2号助人者在三元组里面属于情感组，在情感组里，2号是过度表现，3号是完全失去，4号是表现不足。情感组普遍倾向是求认同，如果得不到认同就会产生敌意，他们最关注的就是找到价值归属和认同感，要表达心中真实的情感特质，这是情感组的特征。

一、特征

外形：身体柔软，语言甜美温柔，衣服大方朴素，喜欢触摸和搂抱，经常面带微笑，人缘好，不会给人以压力，让人看着很舒服，容易亲近。

口头禅：让我来，可以吗？

问题：容易被他人的情绪所影响，过于操心劳累。

2号喜欢身体接触，逛街时要跟你挽着手走路。2号穿衣服不追求隆重华丽，喜欢大方朴素，随时打算服务周围的人。

2号会经常说：让我来，可以吗？让我来帮你，我能为你做什么……有一次在我们的宝岛台湾旅行，当地有一种水果叫莲雾，旅行团里那位和善微笑的女导游很热情，觉得我们难得吃到台湾的特产，就给我们买了很多莲雾，还发给每人一个塑料袋装果皮，最后把装果皮的塑料袋收在一起拎着，非常周到体贴的服务，完全没有牵强或者抱怨，我们都觉得不好意思让她拎了，结果她就急了，说：“请给我一个服务你们的机会吧！”我对这句话印象非常深刻，这是典型的2号语言，她非常享受照顾我们的过程，也希望我们能接受她的付出和服务。

2 号在人群当中比较好辨认，他很少盛气凌人、趾高气扬，常把自己放在低微、谦卑的位置，有耐心，愿意倾听，发自内心地关心你，不会打断你讲话。2 号人物一般肠胃和心脏方面容易出健康问题，因为这两个部位都跟情绪有关系。比如，气得不想吃饭，高兴得睡不着觉，都会对肠胃和心脏不好。2 号的情绪非常容易被他人影响，为别人而活着，2 号特别善于听到人群中弱者的声音和需要关怀的呼唤，像观世音菩萨一样，耳听八方苦难。需要关心的人太多太多，所以 2 号经常操心和劳累，而且他只在乎别人的感受，不在乎自己的感受，是牺牲付出类型的。

所有的人都很自然地享受着 2 号的付出，可是我们却忘了 2 号的付出需要回报，这个回报不是金钱，不是物质，而是同样的爱和关怀。

《让世界充满爱》《世界需要热心肠》等这些歌曲可以送给 2 号朋友，这是 2 号的心声，让世界充满爱正是他想要的。每个型号都需要爱，但是大家对于爱的定义不一样，2 号的爱是帮助和陪伴，有些型号的爱可能是放手，让对方独立地去飞去闯；有些型号的爱可能是让我一个人待着，享受一个人的安静。好多型号都追求完美，只是对完美的定义不同、理解不同，对于 2 号来说，完美就是充满了爱的世界。

二、基本恐惧和基本欲望

2 号助人者的基本恐惧是不被爱、不被需要，基本欲望就是感受到爱的存在。

2 号为什么会成为助人者？因为他希望在付出爱的同时能够得到爱。那些热心肠的人，只要你跟他说需要帮助，他就会第一时间出来帮你，尤其是没有觉察状态的 2 号，因为他有一个简单的信念：如果我遇到困难的时候，也希望你可以第一时间出现在我身边。大多数人享受爱和关怀的同时，往往以为2号不需要爱，所以2号在压力状态下会觉得孤独，甚至愤怒，因为他觉得被背叛了——我对你这么好，可你为什么不对我好？

有些父母会跟子女算账：我一把屎一把尿把你拉扯大，你怎么能忘恩负义？夫妻间吵架的时候，2号也会算账，2号的记性特别好，有自己的“感情账簿”，平时对你好的地方，做的事情，都记在心里。等到你没有给2号同等回报的时候，2号就会把“感情账簿”拿出来了——我某年某月某日为你做过什么事情，现在你怎么能这么对我？难道你都忘了吗？2号表达时声情并茂，因为他是非常感性的，很容易博得人们的同情。2号很善于示弱、讨好和取悦，为了得到别人的爱，2号愿意付出所有。

三、性格特质

2号的性格特质：感性，容易感情外露；天生有同理心；乐于助人，主动取悦人，常常感觉自己付出得不够；强调别人的需求，忽略自己的需求，甘于牺牲；有“感情账簿”，对爱有极度的需求；有时比较戏剧化（为了吸引注意）；常常拒绝别人的帮助；占有欲强。

2号感情外露，有时想藏都藏不住，拥抱对于某些型号的人来说很难，但对于2号来说太自然了。2号有天生的同理心，主动换位思考，往往会比你更了解你的需求，因为他随时随地都在关注着你的感受。2号乐于助人，而且非常主动，根本不等你开口，甚至会想方设法取悦于人。即使这样，2号还觉得自己的付出不够，会自觉提升付出的能力，为别人做得更多，而且总是强调别人的需求，却忽略了自己的需求。

打个比方，普通人对于爱的需求有一个小池塘就够了，2号要的是一个汪洋大海，所以他对被爱的需求到了贪婪的程度。2号对别人付出的爱无穷无尽，同时也希望别人给他无穷无尽的爱，用持之以恒的付出换回源源不断的爱，这是 2 号的信条。2 号有时会有一些戏剧化的夸张的动作，那是为了吸引别人的注意力，瞩目他的付出和存在。2 号非常愿意帮助别人，可是往往拒绝别人的帮助，因为帮助别人才有存在的价值感，而接受别人的帮助会降低存在感。还有一点，2 号拒绝帮助有一句隐藏的潜台词：我现在不需要帮助，等我需要的时候，你可一定要出现啊。

2 号的性格容易走向两个极端。一个极端是我要不断讨好你，要得到你的爱。当得不到你的爱的回应时，另一个极端就会出现，他会反常愤怒，对你的需求异常冷漠。有时候你看不懂2号，前一秒钟还像春风一样温暖，后一秒钟却变得像严冬一样冷酷，其实就是因为他没有得到回应。2 号一般活得很累，因为他把快乐和爱的开关都放在别人手里，而不是自己手里。付出不一定能够得到爱的回报，但是对于 2 号来说，这个回报却很重要，是他所有付出和努力的寄托。

2 号容易涉足别人的家庭事务，比如一个领导是 2 号，员工家里两口子吵架，他都会去处理。领导艺术虽然见仁见智，但是一定要为自己的管理范围设立边界。

2 号特别需要陪伴，也很愿意去陪伴别人，可以长时间陪你聊天逛街，或者听你倾诉，这是 2 号的强项。在这个过程中，2 号不会觉得浪费时间，他没有效率概念，只有感受和陪伴。很多人失恋的时候，情绪低落，都愿意向那种知心姐姐和大哥倾诉，觉得有这样的朋友真好。但是有一点需要注意，2 号对别人也有同样的期待和需求。

有一对夫妻，妻子是 2 号，丈夫是 5 号，他们的工作不在同一个城市，只有周末才团聚。妻子总说丈夫对她不关心，理由是什么呢？理由就是陪她的时间太少了。丈夫说：“每个周末都回来陪你了。”妻子说：“这完全不够，平时上班也要陪，虽然你人回不来，但是上班的时候要经常给我发个信息，跟我聊会儿天。”丈夫说：“工作忙起来，我可能会忘了发信息。”妻子马上接着说：“那我怎么每天都记得给你发信息呢？”妻子觉得被冷落了，对于2号来说，短信内容不重要，重要的是你在关注我、陪伴我，哪怕人没在身边，也要让我感受到你的陪伴。妻子又说："要经常陪我去公园走走，或者跟我聊聊天、说说话。"丈夫很难理解地说："哪有那么多话可说啊？"有的型号不太喜欢讲话，但是2号很喜欢讲话，甚至有点啰唆。

有一次我去做义工，跟我住在一个房间的义工快60岁了，我们第一次见面，基本上算是陌生人。晚上洗完澡，我看着那几件脏衣服叹了口气自言自语地说："如果在家里妈妈肯定会帮我洗了，今天太累了，明天早上自己再洗吧。"说完我就睡觉了，第二天早上起来发现同屋的义工帮我把衣服洗了。我说："实在太不好意思了，第一次见面您就帮我洗衣服。"结果她说："你昨天不是说如果妈妈在，就会帮你把衣服洗了吗？我要让你享受到有妈妈存在的那种感觉。"当时我心里就有个声音说：这个人是2号。果然，后来在相处中发现她2号的分很高，义工活动结束的时候，大家给她取个外号叫"小妈"，这真是一个有浓浓爱意的称呼。

故事还没有结束，这个2号"小妈"的老公是一个8号，她的老公经常抱怨说："我老婆跟我在企业里争权夺利。"在九型人格中，8号特别看重权势和控制，2号和8号又都是最喜欢控制别人的人，但是控制的方式不一样。我说："你这么有威严，你老婆怎么抢得过你？"8号老公说："员工们有心里话不跟我说，都跟我老婆说，他们遇到困难啊、问题啊，也不来找我，都去找我老婆，我老婆在企业里的威信和人缘都比我好，她一呼百应，轻轻松松就把人心笼络了，这不是争权夺利吗？"爱和付出是2号用来控制对方的方式，8号觉得被威胁了，有危机感了，所以他们夫妻经常争吵，两个人都在争夺企业的控制权。如果2号和8号结合在一起，就会经常上演夫妻俩抢夺家庭控制权的戏码。大家都比较害怕8号，可是大家都愿意亲近2号，2号没架子，平易近人，可以服务你，有什么需求都可以找他，2号永远不会觉得你的要求很过分。

有一次课堂上，一个年轻人说自己的事业刚刚起步，很需要大家的支持，班里恰好有一位事业很成功的老板。下课的时候，那位老板就走到那个年轻人身边，主动跟他聊天，了解他创业的进展情况和具体困难，还说有什么需要帮忙的随时联系。我当时心里就想：这是很典型的2号，他会比较敏锐地捕捉到群体当中谁是最需要支持和帮助的人，并第一时间出现在那个人的身边。

2号更关注弱者，而3号喜欢跟强者在一起。

曾经有一个8号学员来问我："老师，我知道8号提升的方向是2号，可是我不知道怎么放低自己，服务他人？"对于2号来说放低身段为别人服务一点都不难，可是对于有些型号来说，这一点很难做到。纯粹无私、非常谦虚地为别人服务，付出无条件的爱，去感受他人的感受，很多人都做不到，所以2号是一个非常伟大的型号。如果团队当中有一个2号，团队会很友爱，因为有一个人在传播爱、展示爱。2号会热心张罗一些公共事务，比如组织聚会啊，为团队成员庆祝生日啊，他们喜欢做这些事情，也不希望得到什么物质回报，只要大家说：辛苦了，你这个人太有爱心了，为大家付出太多了，这就是最高赞美，就能让2号心满意足，这是2号人物可爱的地方。

四、健康和压力状态下的表现

健康状态：谦虚，富于同情心，纯粹地、无私地为别人服务，付出无条件的爱，不期待别人的感谢和物质回报，感受他人的愿望时有自我意识和需求，懂得建立边界。

压力状态：傲慢、自负、自夸，过分热心，操纵性强，对人有过分的要求、讨好和奉承，异常愤怒，依附于人。

2号喜欢借钱给别人，不太会拒绝别人，2号可能是九个型号当中最不会拒绝别人的人。借钱、做媒人，这种在财务和人际关系上去帮助人的事，都是2号喜欢做的事情。2号占有欲很强，尤其是压力状态下，2号会表现出8号控制者的某些特质。九型人格当中有两个型号特别喜欢控制别人，2号用爱控制，8号用权威和力量控制，但是2号的控制不容易觉察，我们往往享受2号的付出，慢慢对2号产生依赖，也就慢慢被他控制。2号是大保姆，通过爱、照顾和关心来控制你，2号内心有一句潜台词——你是我的人。有的2号打着帮助和关心的旗号，常常会越过边界，走到别人的私生活中去，但是2号觉得这是为了关心你，丝毫没有越界的意识，这是2号要注意的地方。有压力的2号，傲慢自负，过分热心，操纵性强——我为你付出这么多，所以我要操控你，此时2号所有的付出都成为操控的筹码。

健康的2号有边界意识，有自控力，谦虚，为什么特意提到谦虚？因为2号很容易骄傲。我是最懂爱的人，我内心充满了爱，你们这些人怎么这么冷漠呢？你们怎么这么自私和不懂得付出呢？2号很容易从这个角度去鄙视和谴责别人而产生优越感。健康的2号是无条件、纯粹无私地为别人服务，不期待别人的感谢和回报，甚至不刻意在乎夸奖和赞美。健康的2号明白：我去帮助你只是因为你需要帮助，我想帮助你不等于说今天为你付出多少，就期待将来要有回报。当2号懂得这一点的时候，2号就开始成长，也开始活得轻松。健康的2号除了感受别人的愿望之外，开始有自我意识和需求，跟自我建立内在联结，表现出4号的特质，这是健康的2号提升的方向。独处对于一般的2号有点困难，但健康的2号有自我意识，开始懂得跟自己在一起，懂得去爱自己，懂得自我和他人的边界。

2号的核心欲望就是要助人，什么样的人最需要帮助？最弱的人，弱势群体最需要帮助，所以2号总是跟弱者在一起。2号的典型人物是德兰修女，她是西班牙的一位修女，可是她却跑到印度去建立“仁爱之家”，专门收留流浪汉、乞丐、穷人和那些无家可归的人。有一个乞丐在“仁爱之家”去世的时候说了一句话：“我活着的时候像一条狗，可是在‘仁爱之家’，我死的时候像一个人。”德兰修女获得了诺贝尔和平奖，当时联合国筹划为她举办一场盛大的庆祝晚宴，德兰修女却提议取消，把举办晚宴的钱拿出来捐给穷人。这的确是 2 号人物说出来的话，这样一个没有任何背景、权势、财富，甚至也不美貌的修女，她能够得到诺贝尔和平奖，能够得到那么多国家和组织的支持、那么多基金会的捐助，她用爱创造了一个奇迹，完全用爱和付出感动了全世界，她完完全全地活在爱里面，活在那个她想要的世界里。

• 三山问答

1. 我是典型的 2 号，我在家里、在公司、在学习团队中都觉得特别累，而且自己越来越郁闷，因为我发现很多时候别人不尊重自己，也看不到自己的价值，这需要怎么调整呢？

首先，对于你是不是 2 号，我不能下结论，我也建议你不要这么早给自己下结论。我们今天有个课后作业，写出自己是或者不是 2 号的理由，至少要三条理由以上，最好有具体的事例来说明，你要有充分的理由说服我们相信你就是一个 2 号，或者不是一个 2 号。在你的问题里我看不到 2 号的影子，我想你这个前提可能有问题，因为你的郁闷啊、累啊，都是关于自己的，发现别人不尊重自己，哪个型号最在乎别人的尊重呢？1 号和 8 号，他们很在乎别人是否尊重自己，2 号的核心问题是在乎别人是否爱自己和需要自己。另外，你说看不到自己的价值，我们在看到“自己的价值”之前，首先要看到“自己”，然后才是看到“自己的价值”，只有真正了解自己，才能认清自己的价值。所以还是回到那个问题：你是几号？你是不是 2 号？我们先从今天的课后作业开始吧！

2.2 号的付出不被人群认可，而且经常被别人忽略，最后愤怒地离开人群。这种情况下，我们应该如何处理？是否要把 2 号重新带回人群？

这是一个非常好的问题。

2 号的付出为什么常常会被别人忽略呢？因为他过度付出，人们都有这样一种心理：越轻易得到的东西就越不珍惜，你过度付出，他就会不珍惜。在压力状态下，2 号会走向 8 号的愤怒，2 号愤怒的时候会报复，我们有时会看到一些平时很温顺的人报复起来手段很残忍，因为这时候2号异常愤怒。

2号选择离开的时候，我们应该如何处理呢？这时2号需要的不是回到人群，2号要提升的方向是什么？是4号，所以2号需要的是跟自己待在一起，跟自己的内心建立连接。健康的2号开始懂得：我所有的付出，我所有给别人的爱，不是为了得到回报，而只是因为我希望去爱你，希望去爱跟别人是否回报没有关系，纯粹的爱本身就是回报。当2号能够想明白这一点，就不会再为别人的忽略而愤怒，也开始懂得有边界地去爱，不会再过度付出了。这是2号自己的功课，不要把2号带回人群，2号要学会看到自己的需求，而不是永远只看到别人的需求。

3. 我做过测试，这可以作为区分型号的依据吗？

测试的结果可以做参考，但是不能直接作为最终结论。为什么呢？第一，你对测试题的理解是否足够准确，你对自己是否坦诚？第二，你的状态是顺境还是逆境，健康状态还是压力状态？这两方面原因直接影响测试结果的客观性和科学性，从而使得测试结果有很大的局限性。还有一点也要引起注意，就是做测试的时间，不要刚学习完了2号的内容，就马上测试自己是不是2号，应该隔上一两个星期的时间，让自己从2号的描述中走出类，真正回到内心去寻找自己。我们还要经常做独处的训练，放空自己，尽快熟悉那条回到自我内心的路，这是我对测试的建议。

4. 得道高僧都是2号吗？

不一定，工作性质、职业特点和人格型号没有必然的联系，有的人所从事的职业会经常帮助人，但是他本人不一定是2号。比如，我们下一讲会讲到，很多3号也喜欢做公益。2号是助人者，但不是所有的助人者都是2号，要看帮助人的出发点、初心是什么。

5. 如果2号付出时想着回报，那会不会给人一种很假的感觉？

2号的付出是绝对真诚的，2号希望别人给予回报，这一点连2号自己都没有意识到，更不要说别人会察觉到。2号对你的付出一定是发自内心的，非常自然的，没有人会觉得2号的付出很假，但是2号那种期待回报的想法往往是不自觉的。为什么不健康的2号在被别人忽略的时候会变得愤怒？就是因为那种要回报的意识开始强烈了，在自己心里形成落差。这就是我们为什么要学习九型人格的原因，通过学习九型人格才能让你看到真正的自己，在出现偏离的时候，可以及时有效地调整自己。

6. 我们公司有个高层管理者是2号，她很容易承诺和答应一些事情，但很多事情都没有付诸实施。我们该如何支持2号兑现承诺呢？

首先，从你描述的特征来看，我觉得这个管理者不像2号，2号不是容易承诺和答应，而是容易去做，去给予实际的帮助，不是只给空口的承诺。在交往过程中，你要去感受一下，有没有觉得这个人很有爱心？是不是很喜欢帮助人或者不太会拒绝人？从你的描述来看，这个人是不太靠谱的，尤其是作为一位高层管理者，对自己的承诺没有承担责任，这不像2号，2号很有责任心，2号和1号、6号、8号都是责任感非常强的。每个人在健康和压力状态下是不一样的，要观察分析一个人，不能只看一段时间的表现，要把时间的尺度延长，还要考虑性格特征在不同阶段发生的变化，这样才能去掉表象和假象，保留本质。

另外，你和这个高管共事多久了？他是一向如此还是近期如此？这是你个人感觉还是大家的一致评价？目前是健康状态还是有压力？这些问题都要回答清楚，不要过早地下结论。

第三讲

3号成功者

内心独白

我认为天下没有不可能的事；我渴望事业有成，希望被人肯定、接受、关注和羡慕；我是急性子，爱和别人比较；我有时会过度追求一个又一个目标，让自己变成工作狂；我的工作就是我的最佳代言人。

情感组里第二个型号——3 号是成就型，也有人把 3 号称为成功者，成功这个词对于 3 号来说，简直就像一个有魔力的咒语，他为了成功而不懈努力和奋斗。宋朝的欧阳修在《新五代史·伶官传·序》中说道：入于太庙，还矢先王，而告以成功。由此我们可以分析出，实现自我或他人制定的理想目标，以及做到或实现某种价值尺度的事情，并从中获得预期成果就是成功。

一、特征

外形：帅哥美女，让人眼前一亮；喜欢穿名牌，穿修身衣服，时尚潮人；精力旺盛，充满自信和活力；语速快，嫌别人慢，嫌别人笨，耐心不够；天生的演说家，具备表演天赋；适应能力强；十分注意个人形象，失意的时候独自舔伤口，不愿被人看到落魄和受挫的样子。

口头禅：没问题，我可以，相信我，做事要高效。

问题：容易情绪化，长期加班操劳，颈椎和腰椎不好。

一般公众人物中 3 号比较多，比如章子怡、邓文迪、郭富城、王力宏、李连杰、李开复、郎朗等，他们可能都是 3 号，3 号有什么共同的特点呢？他们一般都是帅哥美女，非常在意个人形象，在乎外界的评价和认可、关注，所以 3 号的外形一定让你眼前一亮。3 号喜欢名牌，因为他觉得穿得起名牌，才说明我是成功人士，名牌的品质好，代表我的品质也很优秀卓越，3号喜欢用名牌为自己的个人形象和性格特征做背书。

3号喜欢穿修身的衣服，这样能看出身材和线条，他是走在时尚潮流前沿的人，想知道现在的流行时尚和风潮，去看3号就对了，他简直就是人群中的时尚风向标。

3号精力旺盛，自信而有活力，语速快，耐心不够，嫌别人慢，3号的时间是最宝贵的，恨不得每一分钟都用来追逐目标。3号是天生的演说家，为什么是天生的演说家？因为每一个3号都需要舞台、喜欢舞台，3号属于舞台和聚光灯，自带表演天赋，属于表演型人格。

3号的适应能力特别强，很像变色龙，扔到任何环境中3号都能够生存下来。3号还特别注重个人形象，哪怕去市场买菜都一定要把自己打扮好，去扔垃圾也要照照镜子，路过大街上的玻璃窗都要看一下自己的形象。3号失意的时候要独自舔伤口，因为他的形象是成功者、卓越者，怎么能让别人看到失魂落魄、失败受挫的样子呢？

3号喜欢说的话：没问题，我可以的，相信我，做事要高效。3号做什么事情都要做得很快，要拿第一，讨厌做第二，第一名是3号的命，一定冲在最前面才能证明他的优秀。

忙碌的3号容易出现一些健康问题，很多3号不能按时吃饭，因为他很忙，工作和效率放在最前面，健康和按时吃饭就变成了不重要的事情。3号往往承受着过多的压力，超负荷运转，他永远在追逐目标，要证明自己优秀和成功，就必须要不断地超越前面领先的人，所以压力就越来越大，越优秀就越有压力。办公室加班的人群里3号比较多，长期加班、过度劳累就会影响到健康，所以3号的颈椎和腰椎都不好。

3号的后院容易起火，当3号全身心扑在事业上、日夜操劳的时候，家庭方面就会有抱怨的声音，而且3号回家后也没有太多的心情去修复家庭关系，只是换个地方继续工作。很多3号都有把工作带回家的习惯，回到家打开电脑继续干活，即便没有电脑，3 号脑子里想的也全都是：这个客户怎么搞定？那个合同怎么修改？明天会议怎么发言？今天的工作有哪些疏漏？人回来了，心还留在公司、留在办公室，长此以往家人都会受不了，感觉自己嫁（娶）了一个工作机器。

3 号最喜欢你问他最近在忙什么，3 号特别愿意分享工作和事业，那是他自豪的领域。3 号的微信朋友圈分享基本上都跟工作有关，还有一些就是自拍，没办法，3 号非常关注自己的形象，也享受被人关注的感觉。

有一家知名企业的口号是“Nothing Impossible”，意思就是没有什么是不可能的，这家企业的性格类型就很像 3 号。

二、基本恐惧和基本欲望

3 号的基本恐惧是受到排挤，不被接纳，不能得到主流社会或团队的接纳，3 号要做舞台中央的人。

3 号的基本欲望是被大家承认有价值，被接受和欣赏，周围每个人都觉得我有价值，我也觉得自己有价值。

3 号跟 2 号一样，也是非常“他我”的一个型号，就是自己的渴望和恐惧都源自别人，2 号希望得到别人的爱和需要，3 号希望得到别人的认可、称赞和欣赏。这两个型号都活得累，因为都希望得到外界的认可，但是外界是否认可，没办法由自己来决定，当快乐、恐惧、渴望等全部都来自外界时，就容易活得很累。3 号属于情感组，表现为完全失去，他跟内在情感完全失去联系，把注意力全放在外面的事业、工作、成果和目标上。3 号的两个翼型是 2 号和 4 号，如果偏向 2 号就会更累，既付出很多，希望得到爱，同时还要得到认可和欣赏，这是双重累。偏向 4 号的 3 号会偶尔连接自己的心灵，内心丰富一些，还会从自我出发，来认可自己是否有价值，开始向内探索。

三、性格特质

3 号是重视名利的现实主义者；在意自己在别人面前的表现，希望让大家看到最好的一面，喜欢成为众人的焦点；做事走捷径，为达成目标会想尽任何办法；有极强的行动力；喜爱支配，竞争心强；适应力强；野心勃勃，有些自大。

3 号是重视名利的现实主义者，是名利场上的主力队员。3 号为什么会重视名利？因为名利是社会主流认可欣赏一个人最直接具体的体现，并且是量化的体现，可以直观看出排名顺序。如果给一个 3 号员工印名片，头衔很重要，最好加上首席、最佳之类的形容词。孙悟空就是 3 号，他为什么要大闹天宫？因为玉帝给他的职务是弼马瘟，多难听，一点也不“高大上”，闹完天宫后他给自己取名齐天大圣，可见名号对 3 号多么重要。如果你是老板、公司管理层或人力资源部门的人，在激励员工、设计名片的时候，对一个 3 号类型的员工，就要留意这些细节。跟 3 号交往的时候，称呼他的职务很重要，还记得 3 号的内心独白吗？ 3 号的工作就是他最好的代言人。3 号在意自己在别人面前的表现，愿意让人看到最好的一面，喜欢成为众人的焦点，同时做到这几点的人很累，因为没有人能永远保持和展现最好的一面，弦绷得太紧就容易断。

3 号扮靓了整个世界，因为 3 号都很爱美。3 号野心勃勃，同时又有点自大，有时候说话会言过其实，但没有恶意，他没有那么深的心机和城府。3 号是情感组，但是为什么大家都觉得 3 号会说谎或者言过其实，因为 3 号想让自己的形象更高大，喜欢给自己贴金，但最终是为了得到别人的认可。当你认识到这一点，看到 3 号行为表现背后的出发点，就会容易理解甚至怜惜、包容 3 号。

3 号的事业发展都比较好，因为他是用生命来追求成就的，工作认真忘我、积极主动，甚至有点拼命，就像2号是用生命追求服务和帮助他人一样。老板招到3号员工会很开心，投资人找3号的职业经理人也会开心，你根本不用去定目标，他会主动给自己定目标，定很高的目标。

3号做事喜欢走捷径，邓文迪的故事就比较经典，她开始只是一个普通学生，通过老师帮忙才办下签证，去美国学习。1990年2月，22岁的邓文迪与53岁的Jake Cherry结婚。1992年9月，邓文迪和Cherry先生两年零七个月的婚姻走到了尽头。1996年，邓文迪从耶鲁大学商学院毕业，获得MBA学位，准备到香港谋求发展。在飞往香港的飞机上，邓文迪恰好坐在了默多克新闻集团的董事Bruce Churchill旁边，当时这位先生正准备前往香港担任Star TV的副首席执行官。飞机还没到香港，邓文迪就已经轻而易举地得到了Star TV总部实习生的工作。1998年初，邓文迪成为默多克考察上海、北京之行的随行译员。1999年6月25日，邓文迪在纽约港的私人游艇Morning Glory号上与默多克举行了婚礼。捷径并不是一个贬义词，而是可以展现出3号追求成功的强烈愿望和过人洞察力。

回想一下毕业的时候，你是怎么找工作的？3号邓文迪给自己买了一张头等舱的机票，为什么？为了认识成功人士啊。郑秀文有一部电影《嫁给有钱人》，两个穷人都给自己买头等舱的票，为了寻找机会。

3号非常清楚自己的目标并善于抓住时机，邓文迪的故事让我们看到3号做事情特别善于走捷径。走捷径不是目的，是为了更快达成目标，更快达成目标也不是目的，而是为了让所有人都看到：我是最优秀的、最成功的，我是名利场的宠儿，聚光灯永远打在我身上。3号为了达成目标会想尽办法，为什么？因为他们做事一定要赢，“赢”这个字在3号的字典里是非常非常重要的。3号一般很难接受失败，因为他把失败等同于自我否定：我不行，我很差劲，没面子，别人会看我的笑话。

3号是工作狂，喜欢比赛，喜欢竞争，为什么？因为比赛都有输赢、有名次，通过输赢和名次能直观展示他的优秀。以李开复先生为例，他做遍了全世界职业经理人心中最羡慕的高管职位，担任苹果、微软、谷歌等公司的全球副总裁，创办了微软亚洲研究院，培养了一大批专业人才，他的著作有《做最好的自己》《世界因你而不同》，这些书名都是典型的 3 号语言。他曾经分享过工作中的一个小故事：他跟同事比赛，看谁回复邮件的时间更晚，这有什么意义呢？这说明我加班比你晚，比你拼，比你更努力。他说如果有人凌晨 3 点钟回邮件，他就凌晨 4 点回邮件，人家凌晨 4 点，他就凌晨 5 点，这种小事都要争第一，所以说 3 号的竞争性很强，而且是用生命来竞争啊！巨大成就的背后是被透支的健康，最近几年李开复罹患淋巴癌，减少了工作量和曝光度，这多少和年轻时工作操劳、经常熬夜加班有些联系。他出生于 1961 年，本该是年富力强的时候，却不得不选择休养生息，所以 3 号朋友们要注意生活和事业的平衡、工作和休息的平衡。

3 号也喜欢做公益活动，比如著名演员李连杰和他创办的壹基金，李连杰形象帅气，充满阳光，现在说到功夫巨星，在华人世界里他是数一数二的，在国际化发展方面，他也是第一个进入好莱坞的中国大陆动作明星。3 号敢闯、敢冒险，行动力非常强，而且结果也往往很好，因为他会把握时机，李连杰有部电影叫《冒险王》，从名字就可以看出很有 3 号特质。3 号可以为了目标和事业而牺牲健康，所以在通往名利场、通往成功的道路上，从来都不是只有鲜花和掌声，也充满了荆棘和危险。

郎朗也应该是 3 号，同样是演奏钢琴，郎朗和李云迪就是两种完全不同的形象。你现在脑海中浮现一下朗朗的形象，一个成功人士还是一个音乐人？郎朗接了很多品牌的代言，品牌之间的跳跃性也比较大，但是对他来讲，这几年是人生黄金时期，要在黄金时期取得更多的成功，要把名气维护好、运用好。名利能够带给 3 号安全感，名利可以通过一个非常量化的形式来告诉你：3 号非常优秀，他是天下第一。还有一点，也可以说是3号特征的流露，我个人觉得在看郎朗表演的时候，有很多钢琴之外的东西，有很多表演的成分。对于什么才是真正的钢琴演奏，著名钢琴大师鲁宾斯坦说："我花了一生的时间，才学会怎么去掉那些不属于钢琴的多余部分。"

3号的财务状况可能不像你看到或者想象的那么好，因为要展示一个成功人士形象，为了撑场面，他会把很多钱花在形象上。健康的3号要去向哪里？要去向低调务实、精打细算、善于储蓄的6号，要跟团队在一起，注重跟团队成员的联系，不是只顾自己一个人奔跑，除了展示自我之外，也懂得去支持更多人成功，让个人的光芒融合在团队的荣耀里。

四、健康和压力状态下的表现

健康状态下，3号充满自信和活力，有魅力，受人欢迎，积极追求人生价值，有强烈的目标感和事业心，有团队意识。

压力状态下，3号可以为了达到目的而不择手段，急功近利，以自我为中心；虚荣心强，爱出风头；经常说谎，爱解释辩论；不体谅他人的感受，逃避责任。

美国电影里超人的形象就很符合3号，超人的衣服是紧身的，要把充满力量感的线条展示出来；超人的内裤穿在外面，那是为了引人注目；超人总是孤军奋战，一个人去拯救世界、守卫和平，因为跟团队在一起，就显不出3号的能力了。健康的3号开始融入集体，既聪明自信，有活力、有魅力，同时又受人欢迎和尊敬。有的学员问我："怎么做到既有能力，又不让人嫉妒呢？"这就是3号的功课，3号修炼的方向。

健康的3号有强烈的目标感，也有团队意识、配合意识。3号有时候跑得太快，需要停一停，等一下大多数人，跟团队在一起。不健康的3号为达目的不择手段，急功近利，以自我为中心，跟2号的善解人意相反，3 号一般不会体谅他人的感受。说起 3 号不体谅他人的感受这一点，大家就要体谅一下 3 号了，为什么呢？因为 3 号连自己的感受都不体谅。3 号在情感组里是完全失去，完全切断跟情感的联系，3 号连自己的感受都完全失去了，就更没有办法去体谅他人的感受了。我们说3号不近人情，目的性特别强，那是 3 号的本质体现。

如果你要表扬 3 号，一定要在公开场合大声说出来，听到的人越多越好，如果你要批评 3 号或者给 3 号一些建议，一定要私下跟他说，能够用文字就不要用语言，3 号会觉得不好意思，你要照顾到 3 号的个人形象和感受，因为 3 号希望让大家看到光彩和成功的一面。有时候你明明是一片好心，给 3 号提意见，告诉他存在的问题，但是他为什么不领情？看看你的方式对不对？你选择的道路能不能走进 3 号的心里？每种型号都有一条小路，通到他们内心的秘密花园，那条路你找对了没有？每个人的心头都有一把锁，需要找对钥匙才能打开。九型人格就是一个很好的工具，可以帮助你找到一条正确的路、一把合适的钥匙。

来看一下 3 号跟 7 号的区别。可以用企业家王石和影星曾志伟来举例，当我提到这两个人，听到他们的名字，你内心的第一反应是什么？你是觉得这个人很有喜感，有他在就很快乐、很开心，我想跟他一起玩，还是觉得这个人很厉害，事业很成功，我很羡慕他，这就是 3 号和 7 号的区别。

王石先生做公司、爬山、去哈佛游学、到剑桥赛艇、迎娶女演员……他的人生安排得满满当当，3 号不会让自己闲下来，他永远拥有一个又一个富有挑战性的目标，永远不会退到幕后，永远都会在人们的话题中出现，努力占据头条。很多 3 号喜欢发自拍照，你过去拼命点赞夸奖就行了，这会让 3 号心满意足。

• 三山问答

1. 我是 3 号，但是听完课后有点不自信了，我有目标但是总喜欢投机取巧怎么办?

3 号只是看上去自信，而内心是不自信的，所以你此时的不自信跟听课没有太多关系。3 号的不自信体现在哪呢？3 号需要一直不断地拿到很多成果、荣誉，他需要用这些东西来证明自己的优秀和成功，从而增加比较匮乏的自信。

投机取巧就是 3 号喜欢走捷径的体现，也是 3 号需要注意的问题，3 号的提升方向是 6 号，踏踏实实，日积月累，一步一个脚印，不再投机取巧。“慢就是快”，这几个字送给你，可以好好体会下，因为磨刀不误砍柴工。

2. 周围的人觉得我已经很优秀了，但我还是会看到更高的目标或者一直跟更优秀的人比较，这是 3 号的特质吗? 在达不到目标的时候，我会很自卑，这怎么办?

3 号基本上都很优秀，他很难不优秀，因为他的基木欲望就是要有价值，毕生都用来追求优秀，但是优秀是没有上限、没有尽头的，所以 3 号永不满足，永远在看前面还有谁。一直跟更优秀的人比较，这的确是 3 号典型的行为特征，就像 2 号喜欢取悦和讨好别人，3 号喜欢竞争和比较。3 号喜欢比较，总去看更高的目标，特别容易让自己的快乐和幸福打折，所以他很难拥有真正的快乐，3 号要留意这一点，别让幸福和快乐都在比较中流失了。

3号的人生追求比较单一，就是目标、成果，一旦达不到目标，就会觉得自己不行，会自卑压抑。要解决这个问题，3号可以在生活中给自己多树立一些参照物和标准，除了可以量化的目标和成果之外，适当增加一些不需要别人喝彩和夸奖，只有自己能感受和享受的成分，比如人际关系啊、情感啊，这些可以帮助你消除挫败感，战胜自卑心理。

3. 我以前认为女儿是4号，现在觉得她3号的分很高，这是怎么回事？

回答这个问题，首先要看您的女儿的年龄，基本上九型人格不会分析未成年的孩子，尤其是别人家的孩子，因为一方面孩子的心智还没有成熟、没有定型，有很大的变化性、波动性，另一方面我所接收的信息是您转达的，经过选取和过滤的，不够客观和完整。

4. 我觉得自己3号的分比较高，但是为什么一堂课听下来，又觉得好多地方有出入？

这很正常，很多人看了一些教材或书籍，就会觉得自己某种类型的分比较高，但是等你听完课程又觉得不一样了，我们不可能看了一本书就弄懂了九型人格，九型人格是非常复杂的心理分析方法，研究的对象也是复杂的人，所以需要大量的案例、大量的互动讨论和大量的练习。我们的课后作业就是让你分析自己和身边人的性格特征，以理论为指导来进行分析，然后跟身边的人求证，如此反复，你的判断就会越来越清晰巩固。

5. 我有一个上高三的孩子，成绩很优秀，但他一直觉得自己不够好，这是为什么呢？

觉得自己不够好说明上进心很强，但是要区分一下压力的来源，是自己成长的压力，还是父母带来的压力。

一个朋友的孩子小学成绩中上，上初中以后考了一次全年级第一名。他对自己说：“你已经考了第一名，如果再掉回第二名岂不是很难为情、很没面子？”他为了保住这个第一名，就一直努力学习，结果就一直维持在第一名。保持好的学习成绩，可以让孩子觉得自己很成功、很优秀，也可以得到老师和父母更多的爱和关注，您要分析一下孩子上进的真实原因。

6. 我以前很确定自己是3号，但是听完课程后又不太肯定了。虽然我是工作狂，目标感强，活得有价值，喜欢出风头，永远停不下来，这些都很符合。但是我不太喜欢追求名利，名片上面什么职务也没有，公众场合能不讲话就不讲话，聚会的时候也是悄悄来悄悄走，一套牛仔裤旅游鞋从年初穿到年尾，外表非常朴素，一台电脑用了八年也不换，一个不锈钢茶杯用了十二年也没换过。这是为什么呢？

如果你确定自己3号，再加上你刚才的描述，那么我认为你是一个非常健康的3号，你的有些特质很像6号，3号的健康提升方向就是6号。如果你是一个这样的3号，大家会觉得你很有能力，工作很拼命，而且愿意为团队付出很多，能解决问题，又不高调不招摇。高调是年轻或低级的3号的特点，每种型号也分为九个层次，所以当你提升到6号的方向时，你就是比较高级阶段的3号。

7.3号觉得自己说的都是事实，可别人听起来觉得有点夸大事实、言过其实，会不会有这种情况呢？

喜欢说大话是3号在压力状态下的一种表现，健康状态下3号说的都是事实。3号有时会给人很张扬的感觉，但是我们中国的传统文化鼓励中庸，不提倡做人太招摇，所以我想对3号说：要让别人欣赏你的能力，又不嫉妒你的成绩，最好的办法就是融入到团队中。

8. 我的孩子为什么总是给自己压力？

这说明您的孩子目标感很强，又上进又自觉，父母教育得很好。像这么优秀的孩子，您可以稍微帮他减减压，防止他压力过大。3号是“自走炮”，不用催就可以自己跑得很快。对于3号的小孩，你要帮他做好压力舒缓工作，让他的步子适当慢一点。还要注意给予更多的爱、激励和欣赏，因为3号觉得情感会影响追求事业和目标的专注力，容易在情感方面完全切断。3号的内耗大多出现在目标达成的时候，终于拿到了想要的成果，内心却会有一股莫名其妙的失落和惆怅，他自己都不清楚为什么会有这种事情发生，因为在他目标达成、压力释放的时候，切断感情的心里出现了空虚。

9. 我女儿从小到大都非常自觉，我也一直给她舒缓压力，但是她内心非常自卑，我应该怎样更好地引导呢?

3号的骨子里都是不自信的，3号前进的动力就来自自卑，因为觉得自己不够好，才需要用成绩来战胜自卑。对于这种自觉而又自卑的孩子，你要发自内心去欣赏和认可，你的标准要和她的标准统一起来，否则她就会觉得你只是安慰她，而没有真正认可她的成绩。

10. 我有一个3号特质非常明显的学生，经常求我表扬他，每次他完成一件事，都会非常渴望得到表扬，有一种故意在众人面前强调优秀的感觉，让我觉得不堪忍受。这是为什么呢?

我记得有一部电影就叫《求求你，表扬我》，其实每个人都希望得到别人的认可，只是3号特别强烈而已，2号用生命寻求别人的爱和需要，3号用生命寻求别人的认可和表扬。那你就认可他吧，用认可来表达你对他的崇拜，同时也给他提出更高的要求，用目标去引导他。

11. 有的同学总成绩远不如我，但是只要他某一门功课成绩比我好，我就会感觉失落和自卑。这是为什么呢?

3号永远会看到自己的差距，看到自己还可以进步的地方，对自己要求非常苛刻，要让自己做得更好，这是3号比较明显的特征。不管总成绩，还是单科成绩，都要超过别的同学，这就是你作为3号的现阶段目标，而且这个目标实现以后，你还会寻找出更高的目标，你要注意克服失落和自卑情绪的影响，不能让自己处于太大的压力之下。

希望所有的3号不但事业成功，而且人际关系好，又成功又快乐。希望每个人都认清自己生命的型号，用爱和包容来对待身边的世界，跟每个人都好好相处，能够活成自己喜欢的样子。

第四讲

4号艺术家

内心独白

我常常觉得自己很独特，与别人不同，有时会觉得自己有缺憾及不足；我很容易情绪化，情感世界比一般人丰富得多，充满幻想；我渴望别人多了解我的内心感受，但总是苦恼于这个世界真的没有人能真正明白我；我喜欢做真实而独特的自己。

4 号是艺术家，也是个人主义者，或者叫有艺术气质的个人主义者。

一、特征

外形：一般体型偏瘦弱，人淡如菊；不爱竞争，喜欢沉浸在自己的世界里；思想容易开小差，天马行空；服饰标新立异，与众不同，注重美感；觉得精神胜于物质；说真话，表达诗意，想像力丰富；喜欢独处，不喜欢热闹喧嚣。

口头禅：我觉得，我想。

问题：挑食，容易忧心。

徐志摩、林黛玉、张国荣、乔布斯、宋徽宗赵佶、塔莎奶奶、弘一法师等，这些人可能都是 4 号。大家听到这些名字以后，有没有一个初步的概念？4 号一般体型偏瘦，人淡如菊，不喜欢竞争，因为他的关注点在内心。4 号喜欢沉浸在自己的世界里，容易发呆，思维天马行空，有可能他面对面看着你，但他的思想却不知道飞到哪儿去了。4 的服装总是标新立异，喜欢与众不同，同时又注重美感。

4 说喜欢讲真话，在九型人格里面有几个型号都喜欢说真话，比如 1 号、5 号、6 号、8 号，他们都会直接表达心里的想法，但是 4 号说出来的话，既真实又充满诗意，听起来比较婉转。4 号喜欢自己待着，为什么他喜欢独处？因为 4 号喜欢跟自己在一起，可以自己跟自己玩，喜欢看悲剧，想象力丰富，不喜欢热闹喧嚣。独特的自我认同，容易使这个型号活得纠结和矛盾。

二、基本恐惧和基本欲望

基本恐惧是没有独特的自我认同或存在的意义。

基本欲望是要与众不同，让自己不平凡。

一个 4 号朋友给我写过一首诗：

请你保持这份独特
即使在你我
都化成灰以后
我还可以比较容易地
把你辨认出来

什么化成烟、变成灰啊，保持你的独特啊，这些都是典型的 4 号语言。《红楼梦》里的贾宝玉也喜欢这么说："等我化成灰，灰还有痕迹，还有形状，最好化成烟，风一吹就没了……" 在第 36 回《绣鸳鸯梦兆绛芸轩，识分定情悟梨香院》里，宝玉说："比如我此时若果有造化，该死于此时的，趁你们在，我就死了，再能够你们哭我的眼泪流成大河，把我的尸首漂起来，送到那鸦雀不到的幽僻之处，随风化了，自此再不要托生为人，就是我死的得时了。" 此后宝玉看见龄官与贾蔷，才意识到这话说的不对，说道："我昨晚上的话竟说错了，怪道老爷说我是'管窥蠡测'。昨夜说你们的眼泪单葬我，这就错了。我竟不能全得了，从此后只是各人各得眼泪罢了。" 自此深悟人生情缘，各有分定，只是每每暗伤，不知将来葬我洒泪者为谁？这些旁人听来痴痴傻傻、不知所云的话，都是 4 号风格的语言。

三、性格特质

4号的性格特质是喜欢浪漫，爱幻想；喜欢通过艺术途径和有美感的事物来表达个人感情，性格内向，经常忧郁，容易情绪化；极度关注自己的感受，追求独特的感觉，活在自我感觉的空间里；沉溺于过去的痛苦之中，积极寻求拯救者，也就是一个了解他并支持他梦想的人；不喜欢平淡的生活和被遗弃的感觉；我行我素，对人若即若离，却又依赖支持者。

4号内心疗伤的过程特别慢，因为4号自己愿意沉溺在过去的痛苦当中，他喜欢用痛苦来滋养自己，这是一个奇怪的心理自虐型号——有人就是喜欢跟自己过不去啊！

在内心疗伤过程中，4号还会寻求拯救者，寻求那个了解他并支持他梦想的人。4号既依赖支持者，又游离在人际关系之外，这是4号与众不同的地方。

四、健康和压力状态下的表现

健康状态下，4号创造力强，直觉准确，触感敏锐，有灵感，思想平静，坚持原则，尊重程序和流程，立场坚定。

压力状态下，4号自我封闭，自我破坏，妒忌，忧郁，容易产生无助、无望的感觉，容易情绪化，喜欢扮演受害者，沉浸在痛苦中。

4号在健康状态下去往1号，比较有创造力，因为4号本来就有艺术气质，再加上1号的改革者性格，所以此时的4号很有创造力。4号的直觉是九种型号里面最好的，解决问题时有闪电划过天空般的灵感，对事物有很敏锐的感觉，思想和表情却都很平静，这些都符合一个有深邃思想的艺术家形象。同时，4号不只是遵从于感觉，强调直觉，更会自觉地节制和坚持原则，尊重办事的程序和流程，立场也非常坚定。

4 号在压力状态下去往 2 号。4 号本来就是一个喜欢活在自我世界里的人，如果突然变得特别愿意跟外界互动，这不是 4 号的真我，只是压力状态下的“变形”表现而已。在这种状态下，4 号先是变得自我封闭、自我破坏，内心的压力会转变成忧郁，产生无助和无望的感觉，接着就会变得放纵任性，异常情绪化。4 号大概是九种型号里面最情绪化、最敏感的一种人，他会在生活中扮演受害者，不是为了博得同情，而是为独处和自我封闭创造更好的条件，使自己长时间维持在痛苦中，痛苦这个词跟 4 号的连接非常紧密。

我认识一个 4 号，她定期去电影院或网上看一场悲剧，然后哭一场，感觉就变得好多了。4 号喜欢跟痛苦在一起，有自虐倾向。在九型人格当中，4 号也是自杀率最高的一个型号，张国荣、三毛都过早离开我们，而且他们选择死亡的方式也非常诗意，张国荣终于做了一只“没有脚的鸟”。宋徽宗赵佶是一流才子、末流皇帝，他画了《听琴图》，几个人在树下听古琴，画了《瑞鹤图》，上面有十九只栩栩如生的仙鹤。他还自创了一种书法字体——瘦金体，像工艺品一样精美，一个皇帝创造了一种字体，绝对是绝无仅有。他还组织全天下著名的书法家、画家一起编了两本书——《宣和书谱》和《宣和画谱》，对书法和绘画艺术进行很好的总结梳理。大家都知道雨过天晴这个词，但是雨过天晴是一种什么样的颜色呢？台北故宫博物馆里有一个汝窑水仙盆，就是“雨过天青”色，辽阔而透彻，纯净而悠远。从艺术成就来说，宋朝美学的确登峰造极，但是这个皇帝不理朝政，天天琢磨艺术，最后国破家亡，父子两人都被金人掳去做了阶下囚，客死他乡，很凄惨。所以他是一流才子、末流皇帝，治国的成绩不及格，但是在艺术才华上，其他皇帝很难跟他媲美。

国外有个塔莎奶奶，被日本人被评为“最想成为的人”，很多人都向往她的生活方式。塔莎奶奶是画家，用绘画版权所得在山谷中买下一块地盖了房子，从此住在山谷里，每天穿着自己做的18世纪风格的维多利亚复古服装，在房前屋后的空地上种花、种草、画画、喂狗，把吃不完的水果做成果酱，送给周围的邻居品尝。这是一个典型的健康的4号：我喜欢跟自己待在一起，把日子过得像一首诗。

4号有很好的审美品位，我们以乔布斯和苹果公司的极简主义美学为例，来说明一下。大家都知道苹果公司的LOGO，可能你不太理解，为什么用一个被咬了一口的苹果作为品牌标志，因为我们中国人都喜欢圆满，这个被咬了一口的苹果，看着有点不圆满。大家知道它的来历吗？乔布斯是在向他的偶像致敬，他的偶像是谁呢？图灵。图灵是英国数学家，被称为人工智能之父，图灵晚年非常痛苦和压抑，最终选择自杀。他是怎么自杀的呢？他把一个苹果涂满了氰化物，第二天早上人们在他床头发现了这个被咬过的苹果。乔布斯为了向他致敬，把创立的企业命名为苹果，并且用这个咬了一口的苹果作为LOGO，这个LOGO背后其实是一个忧伤的故事。对于4号来说，他觉得这个忧伤里面有一种特别的美和深意，而不像一般人那样觉得不吉利或者晦气。乔布斯觉得这是我致敬偶像的最好方式，是不是很特别？是不是与众不同？而且他把这个企业做成了全球市值最大、现金流最好的公司。

在乔布斯生前，苹果公司的产品基本上只有黑色、白色和银色，到现在才有了彩色，我觉得如果乔布斯还在世，可能不会同意用这些彩色的机壳，这就是4号的独特品位。联系前面的宋徽宗，你会发现4号与众不同的审美观，我们大部分人和乾隆皇帝一样，喜欢大红大绿、富丽堂皇，但宋徽宗不是，他追求“雨过天青”，乔布斯喜欢黑和白，乔布斯从1998年到2010年基本上都穿同样的衣服：黑色T恤、蓝色牛仔裤。现在扎克伯格在学他，小米的雷军在学他，很多高科技产品的发布会都有乔布斯的影子，甚至PPT的美学风格都是简洁鲜明。

4号比较极端，甚至有点偏执或者固执，乔布斯如果没有买到自己觉得满意的家具，宁可房间里面什么都不放，平时坐在地板上，因为他觉得没有喜欢的椅子就不坐椅子。你身边有这样的人吗？或者你自己是这样的人吗？极简主义美学者特别挑剔，宁缺毋滥，这种态度也帮助他们做出来的产品成为经典。你从中挑不出毛病，因为他已经帮你挑过了啊。在苹果手机之前，其它的手机都可以拆开，可是你没法把 iPhone 拆开，乔布斯认为：我的产品非常完美，不需要你拆开看，我的产品不会出问题。很多人说苹果系统不兼容，界面不友好，这也是 4 号的一个重要特点：自我封闭，高度自恋，我不需要跟外界有什么互动，我就玩自己那一套，而且我会玩到极致。苹果公司是一个非常典型的 4 号企业，去苹果产品的体验店里面感受一下，透明的橱窗和转梯，素雅纯净的装修颜色，处处都体现着 4 号的空灵优雅，极简主义的设计让整个空间高贵大方，充满禅意。

4 号的感受力体现在哪里呢？比如在一个会议室开会，会议室里面放的是塑料花还是真实的鲜花，这都会影响到会议上人们发言的感觉，从而影响到会议的质量，这就是 4 号对外界的敏锐感受力。乔布斯有一个建议：如果你要做一些创意和策划，需要头脑风暴，最好是在天花板比较高的房间里，去室外、草地上都行，可以天马行空，没有任何拘束；但是如果你要做一个执行层面的决定，做一个非常严谨的量化的事情，就不要去一个发散型的空间，最好在那种比正常的天花板稍微矮一点的小房间里，人们在这样的空间里，思维受到规则的限制，比较容易做出决定。

4 号对精神的重视超过了物质，相对于 2 号的情商、3 号的行商（行动力）来说，4 号的“灵商”最高。乔布斯是素食主义者，每天 4 点钟起床，25 岁就已经是亿万富翁了，但是他 30 年没有搬过家，他的同事和朋友随时都知道在哪里可以找到他。他并没有像很多人一样，有钱以后就有非常多的物欲，追求穷奢极欲的物质享受，4 号的兴趣不在外面，他永远关注内在，所以 4 号很会做减法。乔布斯年轻的时候曾去印度禅修，禅修对他的影响非常大，体现在他的服装风格、生活方式和苹果系列产品的设计里，都很有禅意。一个健康的4号去往1号，就会变得节制，有自己的原则，能尊重流程。乔布斯的脾气不好，把很多人骂得狗血淋头，他经常在公司里说员工："笨得像猪一样，你这样的脑子怎么可以在这里领这份薪水呢？"但是很奇怪，没有人被骂走，因为人们都热爱、尊敬和佩服他，因为他说得对，他总是能一眼看到问题所在，而且非常有前瞻性。比如他曾说："顾客根本不知道自己想要什么，直到你把产品做出来，放在他们面前。"

当然，去往1号的4号更加追求完美，甚至极度挑剔。乔布斯也是一个工作狂，4号的两个翼型是3号和5号，他应该是比较偏3号的。你去看乔布斯的苹果产品发布会视频，当他站在舞台上面的时候，是非常像3号的，他完全能够驾驭舞台，掌控现场所有观众。他有一个著名的"现实扭曲"理论，就是在他营造的空间里，你完全被他感染和征服，这是他的魔力。乔布斯精力旺盛，他的眼睛里有光，他有表演欲望，而且能出色地完成表演任务，他把一个产品发布会变成了一场人们意想不到的经典表演，变成了一个宗教信仰般狂热的奇迹，吸引了无数的后来者模仿，但是从未被超越。我们称他为"乔帮主"，他催生了一个群体——果粉，别出心裁、创意十足的他发明了"饥饿营销"，让人们深夜排队只为了购买一台手机。他影响了一代人的审美观，提升了数以亿计的人的审美趣味，从苹果产品问世以来，我们才知道电脑和手机不只是一个工具，还可以是一件艺术品，可以承载审美的功能。这一切，都从乔布斯开始，从4号开始。

再讲一个我们中国的4号。

大家都听过一首歌《送别》：长亭外，古道边，芳草碧连天。歌词很优美，这首现代人写的歌词放在唐诗宋词里面也一点不逊色，这首歌的词作者是李叔同，出家以后叫弘一法师。他是一个大户人家的贵公子，才华横溢，“二十文章动海内”，他 20 岁时写文章就很出名了。

他还有表演才华，男扮女装演过《茶花女》，有音乐才华，有绘画才华，书法也相当厉害，并开创了一种书法风格。他出家之前曾在浙江上虞中学当老师，是音乐、美术和国文三科老师，文章写得好，艺术创作能力也很强。

当时在上虞中学，知名学者夏丏尊担任校监，类似于现在教导主任的职务。有一次，一个学生的钱被偷了，查了几天也没有结果。夏丏尊就来请教李叔同该怎么办？李叔同说：“学生偷东西是校监失职，你贴个告示，就说如果三天之内没有人自首，你就谢罪自杀，这样那个偷钱的学生会出来自首，毕竟人命关天啊。”夏丏尊听了大喜，觉得这个方法挺好，应该有效，就准备去贴告示。李叔同又补了一句话：“如果三天之后，没有人出来自首，你也要真的自杀。”夏丏尊吓了一跳，他想了想做不到，就没有去贴那个告示。后来，他回忆当时李叔同的神情，他说：“我当时就知道，如果是李叔同，他会这么做的。”这个故事让我们从一个侧面了解了李叔同的性格特征，有敏锐的直觉，而且言出必行、坚持原则。

再来看看他出家之后的故事。

李叔同在杭州的虎跑寺出家，虎跑寺现在还有他的纪念馆。佛教从古代印度传入我国以后，从南到北有很多流派，李叔同是哪一个流派呢？他选择了律宗，这个流派持戒最严。他曾写过四个字：以戒为师，在佛学界很有名。李叔同从世家贵族的翩翩公子到持戒严谨的一代高僧，从九型人格的角度分析，就是一个 4 号往 1 号的方向在走，这是健康的方向。我经常提醒 4 号朋友，当你情绪化，想要跟着感觉走，想要任性放纵自己的时候，想想“以戒为师”这四个字。一个 4 号能说出并践行这四个字是非常不容易的，弘一法师临终写下另外四个字：悲欣交集。

很多高僧在圆寂之前，都会留下遗言，那是他们一生修炼佛法的感悟，也可能是对自己人生的总结、对世人的温情提醒。弘一法师留下的四个字：悲欣交集，“悲欣”都是人内在的情感，跟内心感受有关系，这反映出4号情感丰富，对生活的理解是如此感性。后面两个字是“交集”，交集意味着什么？是悲多一点，还是欣多一点，不知道，反正就是纠缠在一起，连自己也不知道，很矛盾，很复杂，交织混合在一起，激荡着内心……这是典型的4号的表达方式，发于真诚之心，出为感性之语。

最后讲一下4号的孤独。和一般人不同，4号非常享受孤独，他是喜欢独处的型号，因为4号的内在情感和精神世界非常丰富，心理活动也很细腻，所以需要一个空间来跟自己对话，消化过于庞大和丰富的内心独白。4号可以很安静地自己待着，这种独处对于4号来说很重要，不要去打扰他，或者强行把他从那个空间拉出来，4号需要一个私密的空间安放他的多愁善感。4号的关注点是内心，这是艺术创作所必需的寂寞和清静，4号被称为艺术家或者具有艺术气质的个人主义者不是没有原因的。

《我》是送给4号的歌，“我就是我，不一样的烟火，要做最坚强的泡沫”，张国荣本人很喜欢这首歌，这些句子都是4号的真实写照。

•三山问答

1. 我是听了4号的讲解之后，才觉得自己很像4号，这正常吗?

4号的感受力非常好，所以他基本上会很快知道自己是4号，即使他不确定自己是4号，也非常清楚自己不是什么型号。4号很少说自己“像”4号，基本上他都会比较确定，他的直觉很准。

2. 和身边的4号应该如何相处？尤其像我这样的3号，实际上看不惯4号的悲天悯人。

我们跟每一个人相处，有两条共同原则，首先是欣赏，其次就是尊重，因为别人身上总有超越我们的优点。作为3号来说，你有一个翅膀是4号，所以你也有4号的一部分特质，只是你的状态体现得比较少而已，这是比例多少的问题，不是有无的问题。3号和4号是邻居，同时互为翼型，你对自己的左膀右臂有什么看不惯呢？你看不惯的不是4号，是你自己，是你不能接受自己内在的一部分4号的特质而已。

在生活当中跟4号相处，要有耐心倾听他的表达，因为4号愿意沟通感受，他不像3号那样直奔主题、干脆利落、关注结果，他更愿意花时间表达感受。你要有耐心倾听，尽量理解4号的感受，4号需要寻求拯救者、支持者或者理解和懂他的人。你要尽量表示：我是理解你的，我懂你，然后耐心倾听，关注他的感受，认可他的梦想和创意想法。还要给4号独处的空间，如果4号愿意自己待着，你就让他自己发呆吧，不要把他强行拉回集体中来。4号不太喜欢身体接触，不要离得太近，那样会给他压迫感。4号特别喜欢与众不同，可能你无法理解他的独特品位，但也不要急于否定和推翻，要用尊重和包容去对待4号的标新立异，说不定会给你独特的惊喜。

健康的4号去往1号，如果你关心支持4号，可以提醒他要尊重规律、懂得节制、坚持原则，往这些方向提升。

3.3号应该向2号、4号学习什么？

2号让你学会关爱他人，而不仅仅是关心他人的目标能否超越你，也要学会关心人，关心对手。2号的人缘很好，当3号有明确的目标，并处在向目标前进的路上也应该适当注重情感，就会成为一个充满爱的成功者，这个世界上还有什么事情能难倒你？3号要向4号学习与自我对话，回到自己的内心世界中，这样你就有一个自己的小天地去平衡外面的现实世界，这非常重要，因为很多人都是内外失衡的。

4.我为什么总觉得不够自信？

不自信是因为你很少跟自己在一起，你很少跟自己联系。4号有些自卑，往往会觉得自己有残缺，比如乔布斯的被咬了一口的苹果，还有弘一法师的法号——求缺。要留意4号这些特质，他确实跟一般人不一样。

如果一个3号可以让自己去“求缺”，允许自己做不到某些事情、无法达成某些目标，这时你就拥有了真正的自信。2号需要通过讨好别人、帮助别人、不断付出，来维护人际关系，得到美名；3号需要借助事业、成就、能力和外在形象赢得认可；4号完全回到自己内心，用自己的独特和情感去获得理解和认同，所以整个情感组的人都不够自信，这种自卑带给他们痛苦，因为情感组的人都很敏感。

第五讲

情感组小结

education
Success

一、情感组的普遍问题

情感组的优点和不足都与心有关，他们最关注的是找到一种价值感或认同感，表达心中真实的情感特质。

从前面三个型号的课堂问答来看，我发现大家在做型号分析的时候，容易局限在一些表面的行为特征上。行为特征要不要看？要看，因为那是一个初步印象，是冰山一角，要在观察行为特征的基础上，将更多的思考和分析指向行为的背后，观察内心的特征，那才是真正要去了解的部分。学习九型人格可以帮助你穿过海平面，走到冰山下面，走进一个人的内心世界。行为特征的后面有各种情绪、信念、欲望、自我意识，还有集体潜意识、集体无意识等，大家要问得深入一些。

在情感组，2 号是过度表现，3 号是完全失去，4 号是表现不足。情感组的普遍问题都是求认同，在压力状态下容易跟外界产生敌意，表现在行为上面就是容易情绪化。2 号乐意并享受付出，待人温暖如沐春风，常常热情过度，但是 2 号的分别心很强，比较傲慢，他在压力状态下去往 8 号，表现出暴躁易怒，容易与人发生冲突，甚至出现歇斯底里等情况，会拿着“情感账簿”来算账。3 号就像一只骄傲的小公鸡，在压力状态下他跟全世界为敌，别人说的话他完全听不进去，这就是他得不到认同的时候。4 号也是一样，觉得人生得一知己足矣，如果求之不得，就“路漫漫其修远兮，吾将上下而求索”。健康的 4 号可以超越个人的小我感受，从浪漫的个人主义走向为了大众而奋斗的理想主义，压力状态下会从理想主义走向颓废主义，借助外界和他人来回避现实、逃离问题。

如果你觉得自己是情感组的型号，那就问问自己：困扰我或让我觉得自己处于逆境、抑郁失落、痛苦悲伤的原因，是不是都是因为你没有得到认同？有学员问我怎么区分4号和5号？对于思维组和本能组，是否被外界认同不是最重要的，当然人性都希望得到认同，都喜欢听到别人对自己的认可，但是只有情感组的人把这个事当成存在感的重要前提。

情感组的优点就是感性，他们往往会让人觉得有人情味，所有的悲欢喜乐都写在脸上，藏不住。因为这一点，思维组的人可能会嘲笑他们，觉得他们天天分享感受，总是在抒情，这很肤浅幼稚。

二、情感组的整合和解离

整合和解离都是心理学用语，通俗地说，整合就是健康状态下的调整提升方向，解离就是压力状态下的抑制方向。

健康的2号去往4号，从“他我”转向“自我”，不但关注别人的感受，想着帮助别人、支持别人、爱别人，也开始学会爱自己，感受自己的内心。学会划好界限，有独立的自我存在，不用依赖别人，不会把快乐完全建立在别人的需要之上，可以自己掌握快乐的开关。

健康的4号去往1号。4号那么抑郁、痛苦和任性，人生目标不清晰，但是如果他去往1号，树立一个崇高的理想，倾听使命的召唤，那么4号就会走上健康的轨道，所有的创意和才华都不会被浪费。比如乔布斯有“改变世界”的理想，否则像他那样的臭脾气肯定把人都得罪光了，还有李叔同，他愿意带着满腹才华走向“以戒为师”。

健康的3号去往6号，不在单打独斗，学会跟团队在一起，更踏实宽容，不再一味追求聚光灯下的掌声和荣耀。3号、6号和9号，形成一个独立的三角循环，健康的6号就去往9号，他不再过度焦虑担心，消除了惶恐，变得信任、平和、放松；健康的9号去往3号，不再是什么都无所谓的好好先生，不再随波逐流，开始拥有对生活的追求和明确的目标。

压力状态下的4号去往2号，一个喜欢独处的人，突然特别热心集体活动，愿意跟团队在一起，每天跟别人互动。压力状态下的2号去往8号，他变得特别易怒，有攻击性，那个温柔助人的2号不见了。压力状态下的3号去往9号，变得淡泊名利，消极退让，但是内心的小火苗却从来没有熄灭过。

三、基本恐惧和基本欲望

2号的基本恐惧是不被爱、不被需要，基本欲望是感受到爱的存在以及被人需要，这些都跟内心的感受有关。思维组的人看到这些，会觉得完全不能理解。看完2号的基本恐惧和基本欲望，我们再来看一下2号在压力和健康状态下的表现。

2号在压力状态下走向8号，极度喜欢控制，人只有在感觉失控的时候才需要控制，控制是非常消耗能量的。九型人格当中最喜欢控制的是2号和8号，2号用温柔的爱实现无形的控制，8号用权势、威严和力量建立外在的控制。

健康的2号会把目光从外界转移到自己的内心，此时的2号不再一天到晚想着：我要帮这个人解决问题，我要为那个人付出努力。很多2号会把别人的事看得比自己的事还重要，当2号静下来走向4号、回到内心的时候，开始学会倾听和理解自己。

每个型号都有五个状态：正常状态、健康状态、压力状态和两个翼型，所以同一个型号可能会或多或少地呈现出五种型号的特征。我们在学习的过程中，老师讲这个型号我觉得自己像，老师讲那个型号我也觉得像，每个型号好像我都有点像，这就是原因所在。

一个3号对我说："老师，我现在开始感受自己的内心，开始关心自己，所以有的目标我就放弃了。"这是没有正确理解提升的意思，提升不是完全放弃原来的型号，而是在保持的基础之上，拥有另一个型号的某些特征，你可以同时表现出来，做到兼容。

回顾一下3号的基本恐惧和基本欲望。对于3号来说，受排挤、不被接纳就是基本恐惧。有一个3号学员在作业中说："我要活在主流社会，我不希望远离主流社会，我的基本恐惧就是被排挤出来，那就意味着我出局了，我的基本欲望是要体现价值，被接受和欣赏。"他在叙述中反复强调的"被接受、被欣赏、被接纳、被排挤"，这都跟内心的感受有关。

3号的整合提升是去往6号，他不再是一个孤胆英雄，不再自己一个人冲在前面，不再只凸显个人的风采，他开始跟团队在一起，团队合作的愿望变得更强，认识到荣誉属于大家。不健康的3号不喜欢跟团队在一起，因为怕不能凸显自己，6号则害怕别人夸奖他，尤其是当众夸奖，他会觉得不自在，没有安全感。

压力状态下的3号去往9号，逐步丢失了自己的目标感优势，好像是退隐山林，实际上是蓄势待发。3号可以在保持目标感优势的同时，让你的目标成为团队的目标，让更多的人在你的带动下一起努力，这是3号要调整提升的方向。一部分3号可以从优秀或者超级业务员当中脱颖而出，慢慢成为一个卓越的有影响力和领导力的管理者，一个管理型人才，这是非常成功的3号。3号需要明白"一枝独放不是春，百花齐放春满园"这个道理，在企业和团队当中，懂得把自己的光芒消融在团队里，每一个人身上都闪耀着你的光芒时，你才是最璀璨的。

4号的基本恐惧就是没有独特的自我认同或存在意义，基本欲望就是要与众不同，要不平凡。4号在健康和压力状态下的表现呢？他在压力状态去往2号，在健康状态下去往1号，乔布斯和弘一法师，他们都被一个比较高的理想所引领，可以约束节制自己的随意和放纵，从而达到一定的人生高度。认为自己是4号或者觉得自己有4号特质的朋友要注意，让自己的人生格局变大，不仅仅为自己而活着，要为更多的人努力，这时的你就开始走向健康状态，不再沉浸在个人的喜怒哀乐当中，不再纠结自己的个人感受。

四、总结

情感组在九型人格中感觉最敏锐，一生当中的喜乐忧伤、幸福烦恼，全部来自自己脆弱的小心灵。心者，道之主宰也。如果一个人没有了感受力，那这个人也就成了行尸走肉。每个人生命结束的时候，什么都不能带走，唯一能带走的就是一生的体验和感受，所以情感组的人拥有非常大的能量。在你的人生当中，需要好好运用你的优势，敏锐感知自己和世界，为这个世界增添更多的感性、美好和爱。从自己的小情、小爱、小感受中跳出来，感知世界上更多的人，如果你在提升的道路上，就不会仅仅局限在一个型号，而是有机会展现所有型号的优点。

•三山问答

1. 我觉得自己每个型号的特征都有一点，这是为什么？

在九型人格的基本原理中，我们讲过每一种型号都会出现1号到9号这九种状态，而且每一个人身上也会同时存在九种型号的部分特征。因为人是复杂的，不可能用九个模型明确区分出来，所以你觉得自己每个型号的特征都有一点，这是正常的，你所要做的是把这些外在的或者暂时的特征表现先放下，考虑自己的基本恐惧和基本欲望，诚实地回答自己，这样能帮助你找到自己的真正型号。

每个人只有一个型号，但是可以处于不同的发展阶段，表现不同的型号特征。在某一个阶段，你可能会偏向于某个翼形，在健康或压力状态下，你可能又会跳到整合与解离的型号上去，所以你要认清这些变化，透过变化看到自己的本质。

2. 为什么我觉得迷惑，不知道自己到底是3号还是4号？

迷惑的时候，就回到原点，回到基本恐惧和基本欲望。3号和4号其实很容易区分，第一步先找到你的基本恐惧和基本欲望，不能说两者都要，只能选择一种；第二步看看自己在健康和压力状态下分别表现出来的行为特征。

相对来说，2号和4号对物质看得淡一点，3号对物质看得重一点，他需要物质带来的安全感和价值感。从这一点也可以看出3号和4号的区别，他们对待名利、金钱的观点不一样，这种观点没有好坏对错之分，每个型号都有自己的功课，都有自己人生的问题和麻烦要去解决。

3. 我觉得自己 3 号的分很高，对实现自我价值有需求，同时也很享受孤独，很多人都评价我比较冷，这怎么理解？

我们把你的描述分步讨论一下。

你很享受孤独，这个孤独的前提是什么？你可以长时间一个人待着吗？在孤独状态下你做什么？你怎么去度过孤独？孤独不是那么简单的，在这几个问题答案当中，你会找到 3 号和 4 号的不同。

对实现自我价值有需求，3 号是这样，4 号也是这样。

考虑一下自己的基本欲望，这才是最基本的判断标准，如果你只是简单地说自己 3 号的分很高，也有点像 4 号，那就很难有结论，结果很模糊。另外还可以看看在健康和压力状态下自己的表现，回想自己在顺境和逆境中的行为特征和表现，这也有助于你判断自己属于哪个型号。

3 号人物对成功的需求特别高，4 号虽然也希望成功，但是没有那么强烈的渴求，他更关注自己独特的创作能否得到充分的理解、支持和信任，关注自己倾注生命的创意是否能够得到人们的认同，所以一个是要与众不同，一个是要成功，两个人有本质的区别。成功和与众不同是两个方向，如果你的与众不同会妨碍或影响你的成功，二者发生冲突的时候，你会怎样选择？这可以看清你的基本欲望和恐惧，可以帮助你区分自己的型号。

第六讲

5号思考者

内心独白

我总是喜欢思考，追求知识，渴望比别人知道的多、懂的多，我希望了解周围一切事物的原理、结构、因果，乃至宏观全局；我觉得做人要有深度；我不爱说好听的话，身边人总是认为我不懂人情世故；我思故我在，知识就是力量。

一、特征

外形：体型消瘦，不修边幅；观察能力很强，喜欢和人们保持距离，即使处在亲密关系里也是如此；怀疑一切，关注真相，强调智慧，逻辑思维能力强，注重精神胜于物质，享受知识带来的乐趣；喜欢独处，可能有社交恐惧症，不喜欢热闹喧嚣；容易嫌别人笨。

口头禅：没脑子，我的观点，我认为。

问题：心脑血管方面需要特别注意。

我有一个在中科院工作的5号朋友，他每天的工作就是观察实验箱里的果蝇，一看就是十几个小时，有时甚至20个小时。你觉得自己可以过这样的生活吗？对于5号来说，他们享受这样的生活。5号喜欢和人们保持距离，即使是处在亲密关系里也怀疑一切，这也是很多5号在婚姻关系中常见的问题。人们总是认为在亲密关系里应该亲密无间，可千万不要用这种观点和标准去要求5号，5号就是希望跟你亲密“有间”，他希望跟人们保持距离，哪怕是最亲近的关系，他也需要一个属于自己的空间，所以5号的伴侣往往会觉得两个人之间有隔阂。不要去查5号的手机，不要去看他的邮箱，5号愿意自己待着的时候，你千万不要强行进入他的个人空间，不要跟他说话，因为5号会反感。5号用怀疑的眼光看待一切，因为他是思维组的人，看到什么事情都会打一个问号，问一个为什么，自己再想一想。大家小时候都看过《十万个为什么》，这种书是送给 5 号的最好礼物。

对于 5 号来说，能量来自于思维，他可以不修边幅，但是不能停止思考。他注重精神胜于物质，这句话跟情感组的 4 号很像，4 号也注重心灵的交流，注重理解、认可胜于物质，4 号和 5 号互为翼型，这就是 4 号和 5 号容易成为好朋友的原因。5 号享受知识带来的乐趣，很多 5 号有比较特殊的癖好，有的甚至外人都难以理解。

有个很有趣的测试题：如果去一个孤岛只带三样东西，你会带什么？ 2 号、3 号可能会不想做这样的测试题，因为他们需要跟人群、跟主流社会在一起。对于 2 号来说，如果那个岛上有一群可怜的人等着她去爱、去帮助，有一群孤儿或一群老弱病残等着救助，那么 2 号可能不假思索就去了。对 3 号来说，如果岛上有成功的机会，他可能会去。对于 5 号来说很简单，拿本书就可以了。《金融与好的社会》这本书中提到一个 5 号人物——梭罗，他写了一本《瓦尔登湖》。梭罗在瓦尔登湖畔搭了一个木屋隐居，与世隔绝，所有的生活物品都是自己手工制作，种菜种粮，自给自足。这种人愿意远离人群，他关注什么呢？他关注真相，也叫实相。

听到真相这个词，你会想到什么？什么人最关注真相？侦探。福尔摩斯就是5号，他的助手华生是几号？华生非常忠诚，一直跟随福尔摩斯，他应该是 6 号。在书中，华生问过福尔摩斯一个关于宇宙的问题，福尔摩斯说："我脑子里的空间是经过精确计算的，那些我觉得没有必要的东西，我不会存放在脑子里面。"他在伦敦的报纸上发表研究文章，论证灰尘有 50 多个种类。这是 5 号喜欢做的事情，他关注智慧，喜欢研究人们不注意的东西，而且逻辑思维能力强，分析归纳能力强，是最强大脑，但是 5 号可能会有社交恐惧症，一般喜欢自己待着。

社交对于 5 号来说是浪费时间，他不喜欢热闹喧嚣，热闹喧嚣会打扰5号的思考。在5号的眼里，大多数人都智商偏低，智力堪忧，所以他很容易嫌别人笨。5号既看不上大多数人的智商，又十分在乎真相，所以很喜欢说真话，有时就会得罪人。5号语言非常犀利，往往会一下戳破假象，比如一个女人开心地说："今天有个小孩叫我姐姐，没有叫阿姨，那说明我显得很年轻啊。"在场的5号就会说："当女人因为显得很年轻而高兴的时候，就说明她真的老了。"此言一出，现场马上陷入尴尬，但是5号一点都没察觉到，他觉得自己只是说出了真相而已，所以如果你逼着5号经常参加社交，不但他痛苦，别人也痛苦。5号有自己独立的见解，所以他会经常说："我认为……我的观点是……"

很多5号对于食物没有太多的追求，除非他的工作是研究美食，才会对食物很感兴趣。5号容易头疼，因为每天思虑过多，想问题想得太投入，当然还有思维组的普遍问题——焦虑，他们特别容易看到危机，需要寻找内在的指引。5号有哪些典型代表人物呢？我们从动画片开始寻找吧，2号的代表人物是花仙子，那5号的代表人物是谁呢？大家看过《聪明的一休》吧，一休是典型的5号小孩，遇到问题的时候，他经常说："不要打扰，让我想想。"

佛陀应该是5号思想者，有禅修经验的人都知道，内观禅修的法门是观察自己的呼吸。哪种性格的人会想到观察自己的呼吸呢？这是5号独有的性格特征。爱因斯坦、居里夫人、比尔·盖茨、达尔文、李嘉诚等应该都是5号人物，不注重外表和物质，他们注重的是思维逻辑。居里夫人是镭的发现者，镭最初是从沥青里提炼出来的，哪个女人愿意坚持几十年把自己的青春、自己的美好年华都用来跟沥青打交道呢，更何况镭是一种对身体健康有害的放射性元素。对于5号性格的人物来说，为了追求真理，为了探究事物的起源，他们可以为之而奋斗终生。达尔文的代表作《物种起源》，看看这个书名"起源"——典型的5号探索事物起源和规律的表现。达尔文毕业于剑桥大学，他大学毕业之后没有去找工作，而是跟随着“贝格尔号”在海上航行了五年。在环游世界的过程中，他搜集制作了大量的动植物标本带回来，有一些还捐给了当时英国的博物馆。他研究岛屿和城市中的动物和植物，研究它们最初是从哪里来的，研究它们之间的联系，所以他才能够提出具有划时代意义的惊世骇俗的观点：古类人猿是人类的祖先。从他提出这个观点开始，我们才知道人类是怎么产生的。当然这个观点不是他第一个提出来的，在他之前就有人从事这方面的研究，达尔文出生于医生世家，他的祖父也做过类似的研究，也倾向于这个观点，但是无法证明，也不能公开谈论，因为当时欧洲的主流观点是上帝创造了世界，所以他们不敢提出来，害怕遭受宗教迫害和舆论压力。

5号注重精神要胜过物质，爱因斯坦曾经在普林斯顿大学做过教授，普林斯顿大学为爱因斯坦提供了数目可观的薪水，爱因斯坦觉得不用那么高，学校认为不行，毕竟他是很有影响力的学者啊，可他却说：“工资收入满足日常生活就可以了，我每天只要有牛奶、面包和水就行。”5号对生活的要求的确是非常简单，我有一个5号朋友，他最喜欢吃的食物就是盒饭，为什么？节约时间。

蔡志忠是具有5号性格的漫画家，他创作了一系列国学经典漫画，据说蔡志忠一天只吃一顿饭，这样就可以节省更多的时间，做更多的学习研究，以追求学术深度。佛陀也说过午不食，这是5号的生活习惯，他们把对物质享受的要求降到最低，把更多的时间用于追求无限的知识，用于探索宇宙、追问真理。

鲁迅先生以及我国第一位获得诺贝尔医学奖的女科学家屠呦呦、陈道明、李嘉诚应该都是5号。李嘉诚先生每天晚上睡觉之前要看半个小时的书，坚持阅读是许多5号的习惯。另外，李嘉诚有一个习惯，他每个月都会请一个老师吃饭，这是看重知识和智慧的习惯。

我总是喜欢思考，追求知识，渴望比别人知道的多、懂的多。这一点和2、3、4号的自白有什么区别？2号渴望帮助更多的人，3号渴望获得更多事业上的成果，4号渴望有人理解我、懂我，5号要的东西跟他们不一样，5号最害怕的是我的知识没有别人多。一个5号和朋友出去郊游，他们来到潺潺流水的小溪边，朋友们都在赞叹风景优美，5号在干什么？他蹲在溪边，看着流水，在思考流体力学，朋友看了很无语。

5号觉得做人要有深度，因为他善于思考，所以才会有看问题的深度。5号不爱说好听的话，身边人总是认为他不懂人情世故，因为人情世故有时候是虚伪的，不是真相。

“我思故我在”，这是5号的内心独白，那么对于2号来说就是“我爱故我在”，3号是“我优秀故我在”，4号是“我独特故我在”。同样的道理，5号说“知识就是力量”，2号说“爱就是力量”，3号说“成功就是力量”，4号说“美就是力量”。

二、基本恐惧和基本欲望

基本恐惧是无知。

基本欲望是我能干，我了解一切。

5号说世界是一个迷宫，只有我才知道出口在哪里，才知道怎么走出这个迷宫，这是5号内心的骄傲。每个型号都有自己的骄傲，我们也称之为每个型号的人格诱惑。

三、性格特质

5号热衷于追求知识，博学多闻，注重内涵，喜欢分析事物和探讨抽象的观念，从而建立理论架构，他们百分之百用脑做人，有时刻意表现自己的深度。他们还会与现实脱节，表现比较抽离，不喜欢群体活动，他认为观察和思考要胜过参与。5号抗拒感情的牵绊，也喜欢独处，注意保护隐私，基本生活技能比较弱。

很多5号会一直读到博士学位，他们喜欢分析研究事物，探讨现象背后的规律，总结出抽象的概念，这表现出5号有兴趣也有能力建立理论架构，这是一种很了不起的能力，具有开创性，而且需要很强的总结归纳能力。5号也有让人讨厌的地方，比如有时他会显示自己的渊博，觉得比别人更有深度。在婚姻或者情感生活中，5号比较被动，他们的人生中最看重的是知识，对世俗的家庭生活没有太多兴趣，他觉得那会打扰思考，所以5号选择晚婚、独身的比例比较高。

在生活中我们要注意，不要去看5号的手机或者邮箱，因为他喜欢保护自己的隐私。5号喜欢观察别人，但是不喜欢谈自己，要跟人保持距离，不喜欢肢体接触，不喜欢别人走进他的内心世界。

有个5号跟人只见过一次面，10年之后提及此人，5号的描述非常准确清晰，甚至此人当天戴的耳环都记得，就好像昨天才分开，其实只见过一面而已，这就是5号一流的观察力和注重内涵的经典体现。他们脑子里有一架超级照相机，会给每个见过的人迅速拍下一张照片，需要时就调出来查阅使用。福尔摩斯也有过类似的描写，你也可以访谈一下身边的5号朋友，求证这一点。

四、健康和压力状态下的表现

健康状态下，5号是超然的理想主义者，对世界有深刻的见解，专注于工作，敢于创新，愿意尝试挑战和冒险，行动力强，能总结出有价值的新观念。

压力状态下，5号愤世嫉俗，容易对人采取敌对或排斥的态度，贪婪且吝啬，自我孤立，自我夸大和妄想，只想不做。

健康状态就是知道自己性格的优势和弊端，并有意识地扬长避短，也叫作有觉察。有的人不知道自己的优缺点，浑然不觉，这就很麻烦，会造成言行上的偏差。5 号在健康状态下去往 8 号，因为他愿意尝试冒险和挑战，不仅在脑子里构思，而且很有魄力地开始实际行动，健康状态下的 5 号是非常好的领袖，既有头脑，又敢于做决策。

压力状态下，5 号容易愤世嫉俗，在辩论方面人们很难胜过 5 号，因为他思维缜密、逻辑性强、观点深刻，而且他理性客观，很难被惹怒，不会因为冲动而说出不经过大脑的话。5 号在压力状态下去往 7 号，很多 7 号喜欢夸夸其谈，只许诺不行动，而且 7 号也比较懒惰，注重感官享受，如果 5 号突然变成这种状态，那是在释放压力所带来的焦虑，思维组都有这样一个共同问题，为得不到支持而感到焦虑。

“我思故我在”“知识就是力量”，还有“知识是最好的武器”，这都是 5 号风格的话语。鲁迅先生说：“真的猛士敢于直面惨淡的人生，敢于正视淋漓的鲜血。”但是对于 5 号来说，他一辈子都不会做猛士，他要做什么？他要做智者，用智慧的力量来打败敌人。但是当他愿意成为猛士的时候，就走向了 8 号，因为惨淡的人生和淋漓的鲜血是求证真相的代价，5 号不会逃避真相，因为他认为“悲剧将人生有价值的东西毁灭给人看，喜剧将那些无价值的撕破给人看”。

当我沉默的时候，我觉得很充实，当我开口说话，就感到了空虚，这是 5 号的内心感受之一。

鲁迅先生说：“文人作文，农人掘田本是平平常常的。若照相之际，文人偏要装做粗人玩什么荷锄戴笠图，农夫则在柳下捧一本书，装作深柳读书图。这一类呢，就要令人肉麻。”

很多 5 号都有一点驼背，因为他们总是在低头弯腰思考。5 号讲话深刻，直接说真相，这样说话就容易得罪人，常常被身边的人认为不懂人情世故。有一个故事是这样的，有一户人家得了一个儿子，满月的时候大家都去恭喜，有人说孩子将来长大了会当官，有人说孩子将来长大了肯定有学问，还有人说孩子将来长大了会发大财，有一个5号就说这个孩子将来长大了一定会死。这句话有错吗？没有，他只说了一句让大家不喜欢的真话而已。5号不喜欢吹捧，因为他们知道吹捧和恭维远离事物真相。5号踏实肯干，说话也像做事一样实在，他的语言风格不追求华丽朦胧，去掉所有的修饰，直奔事情真相和主题，这种深刻和真诚，具有一种强大的力量和朴素的美感。

学完九型人格之后，你听一个人的语言表达，就可以首先判断出他是情感组还是思维组。相对来说，诗人属于情感组的多一点，哲学家、科学家属于思维组的多一点。在企业家群体里，比尔·盖茨、李嘉诚应该属于5号类型的商人，跟其他商人相比而言，他们基本上都是深居简出，特别低调，很少会搏眼球、上头条。而有些企业家，喜欢说一些流行词，成为网红，5号很难成为网红，因为那不是他们追求的状态。

还有一个人也应该是5号，《时间简史》的作者霍金，他全身瘫痪躺在轮椅上，被称为“继牛顿之后最伟大的物理学家”，但是他从来不用这个名头去宣扬什么，他需要世界安静下来，聆听他每一次新的发现。

我读过一篇关于陈道明的文章，文章里讲了很多事例，非常符合5号的特征。陈道明是我非常喜欢的演员，很少出现在媒体热搜榜上，除了演戏之外几乎是零绯闻。5号不太喜欢别人走进他的内心世界，他喜欢躲在自己的“城堡”中观察这个世界。

五、总结

5号是人群中数量较少的型号，他的两个翼型分别是4号和6号，如果偏4号一点，还比较感性，有诗情画意和浪漫的一面。这样的5号吃饭时突然遇上停电，餐厅赶紧给大家点上蜡烛后，5号不会感到扫兴，他觉得现代都市人难得享受停电的时光。如果5号偏6号一点，那就是百分之百思考型的人，因为6号也是思维组的。

5号大多数时候都是很严肃的表情，很少笑，经常是思考的状态。5号的幽默感跟大多数人不一样，他是冷幽默，他讲一个笑话，你要稍微思考一下，要想一想才能知道笑点在哪里，也就是我们所说的有深度的笑话。

如果你想确定一个人是不是5号，你可以问他一些问题，比如你最近在读什么书？最近在研究什么？5号基本上都是在不停地学习研究，他的研究可能不实用，比如像福尔摩斯的54种灰尘，但是对于5号来说，他觉得很有意义。曾经有5号学员指着自己的脑袋说：我这里的构造跟你们不一样。

很多5号都喜欢围棋，这种烧脑的活动比较适合他。

总结一下，我们要学习5号的深度，对名利物质的淡泊，还有把握世界的全局观。5号没有太大的野心，如果一个团队里有5号，他对领导者有很大的帮助，他会冷静思考并贡献知识和策略。健康的5号对于名利没有强烈欲望，因为那不是他的基本欲望，他要的是知识。

5号要用自己的智慧和知识去服务更多的人，比如说伟大的5号人物释迦牟尼，当佛祖自己觉悟以后，并不是到喜玛拉雅山找个洞穴享受开悟的狂喜，而是回到人世间继续传播佛法，指引更多的人思考、觉悟。我们对于身边的5号朋友要多关爱，因为他们不擅长照顾自己，许多5号喜欢熬夜，生活作息不规律，生活方式不健康，又自认为很有智慧，一般人很难说服他。要尊重5号的空间、界限和隐私，学会跟他讲道理，他都会听的，因为5号用逻辑来与这个世界互动。

我们要提醒5号朋友一点，有的5号是思想的巨人，但行动上会差一截，或者是马后炮，他说得都对，但他不会完全做到。

• 三山问答

1.5 号是不是不适合做业务工作呢？

不能这么认为，健康的5号可以胜任业务工作。我曾经招聘过两个截然相反的5号，先讲一个压力状态下的5号，他以前在报社工作，深居简出，挑剔而冷漠，跟人说话就很容易起冲突，完全不懂人情世故，而且好像就只有两套换洗衣服，我没见他穿过第三套衣服。另一个是非常健康的5号，他在业务工作中充分运用逻辑思维能力，把每天的工作安排得井井有条，最优化地利用工作时间。他还非常好学，遇到任何专业上的问题都会认真钻研，进步速度非常快，仅用一年的时间，就拿到了我们公司业务领域的最高荣誉，去美国的公司总部领奖。我有一个朋友做销售出身，后来自己创业做了老板。我问他："为什么你能把销售做得这么好，跟客户沟通如此有效，你是怎么做到的？"他开玩笑地说："一般的销售人员都是夸夸其谈、口若悬河，但我不是一个能说会道的人，我去见客户，可能问两个问题就不说话了，最后都是客户在说话。客户可能见多了特别能说会道的业务员，突然出现一个不爱说话的业务员，他们就认为这个业务员不会骗我，挺老实挺实在的，这样反而让我签下了很多客户。"其实他自己做研发，产品质量也非常好，对产品非常熟悉，不言不语中成了业务员当中的一匹黑马。所以5号不是绝对不适合做业务工作，如果他愿意调整自己，就可以成为非常出色的业务员——他用脑子钻研业务。

2. 如何走进5号的内心世界并与之成为好友？

如果想跟5号成为好朋友，你要能耐得住寂寞，能接受他长时间不理你。当然，这不是说5号不需要好朋友，只是他对于好朋友的定义和一般人不一样。

我曾经面试过一个5号，聊了几分钟之后，我就基本上判定他是一个5号。于是，我就开始用5号的方式跟他交流：“你最近在读什么书啊？”然后我分享了自己最近在读什么书和读书的心得。通过分享读书的乐趣和收获，我们开始了很有深度的沟通和交流，最终打动他愿意跟我一起工作。5号的基本恐惧是无知，最大欲望就是要了解和知道一切，要比别人懂的多，当他看到一个学问比他多的人出现在面前，他非常愿意过来追随你。他说：“如果我进入你们公司，可以跟你经常交流吗？”因为我想录用他，就半开玩笑地说：“我工作非常忙，可能没时间谈论非工作的内容，但是我非常欣赏你，如果你愿意加入我的团队，我们成为同事，就可以朝夕相处，我会很乐意跟你分享，支持你的成长。”他就非常开心地答应了。再举一个例子，达尔文当时提出来人类的祖先是古代类人猿，风险是很大的，所以他要小心翼翼地提出这个观点。他先跟好朋友们探讨交流，再借助朋友的力量向社会推广，他的好朋友几乎都是科学家、哲学家和博物学家，都是学术圈的人。如果你想要跟5号做朋友，就要保持不断地学习提高，让他觉得你跟他知识互补。就像3号不会把时间浪费在跟目标成果没有任何关系的事情上一样，5号不会把时间浪费在跟智慧和知识无关的事情上。

第七讲

6号忠诚者

内心独白

我为人忠心耿耿，但有些多疑过虑，内心深处总是担心和不安，我在安全方面总是想得最多，并因此而拖延时间。我时常怀疑自己的能力，无论做得多好，也需要别人的肯定才能安心。世界是危险的，我要小心谨慎，才能确保安全。

思维组的第二个型号是 6 号忠诚者，跟情感组的 3 号一样，6 号在三元组中是完全失去。

一、特征

外形：说话语调沉稳，喜欢团队活动，是最好的合作者和支持者；穿着简朴，注重实用，热爱储蓄，财务稳健，做事踏实，是人群中“沉默的大多数”；缺乏野心和冒险意识，缺乏想象力，比较被动；长相显老。

口头禅：安全第一，风险是什么？未雨绸缪，解决问题。

健康：忧患意识很强，容易失眠和脱发。

6 号的外形比较大众化，而且不爱打扮，丢在人堆里就找不着。6 号说话的声调和语音比较沉稳，情感组的人说话声音偏高，嗓音尖细，语速偏快，思维组的人因为要想一想才说，所以语速偏慢，语调沉稳。虽然都是思维组，但是 6 号和 5 号不一样，6 号喜欢团队活动，喜欢跟朋友联系，是最好的合作者和支持者。6 号生活俭朴，注重事物的实用性，在投资理财方面比较保守，一般喜欢把钱存在银行，财务方面比较安全，对投资风险的接受能力比较差。6 号做事踏实老实，能按部就班地做好工作，是团队中沉默的大多数，缺乏野心和冒险意识，想象力比较差。如果你想让 6 号做投资，他第一个问题就会问风险是什么，6 号一般是最好的保险客户，未雨绸缪这句话是他最爱听的，他想抵御所有能想到的风险。6 号做事比较稳健，是最忠实的伴侣、朋友和员工，你甚至可以把金库钥匙都交给他，因为 6 号忠诚并且追求安全。

二、基本恐惧和基本欲望

基本恐惧是得不到支援和引导，单凭自己的能力无法生存，害怕不安全。

基本欲望是安稳，有保障，得到支援，获得安全感。

6 号喜欢跟团队在一起，和 3 号不一样，6 号认为自己一个人做不成事情，不愿意单打独斗，不做孤胆英雄，所以 6 号的团队协作能力最好。就像任正非所说：可以特立，不可独行。

在军队和政府机关里 6 号人物比较多，工作安稳有保障，而且团队协作的外部环境也比较适合他。独自创业的 6 号比较少，大多数 6 号基本上一辈子不换工作，如果你面试的时候看到一个人超过十年以上没有跳过槽，那他的 6 号分比较高，招聘 6 号人物的时候，要从能够提供良好保障的方面去吸引他。

6 号责任感特别强，重视承诺，一定会尽全力兑现自己的诺言。6 号过分谨慎，害怕犯错误，总是设想最坏的结果。跟 3 号不一样，6 号不喜欢站在聚光灯下，如果你要表扬 6 号，最好是在你的办公室里，一对一地给予赞赏，而且 6 号喜欢物质奖励，因为他喜欢储蓄，喜欢财富上的安全感。很多 6 号都很有钱，但穿得简单朴素，根本看不出来。有一个 6 号是公司职员，精打细算在香港买了两套房子，上千万元身家啊，但是每天带盒饭，省吃俭用攒钱，所以 6 号特别节约，性格坚韧。网上热议的“72 岁华为总裁任正非在机场自己排队等出租车”的新闻，其实是健康的 6 号人物的常态。

6 号不愿意当老大，不喜欢争第一，就想沉默在队伍里。他的防卫性特别强，强调防守是最好的进攻。6 号怀疑一切，他的眼睛里有很多怀疑和恐惧，所以也有人把 6 号称为怀疑论者，他的怀疑其实是在求证，探索安全区域。

三、性格特质

有责任感，重承诺守信用，做事总是有许多担心，过分谨慎，最怕犯错，常常设想最坏的结果。不喜欢受人注目，有甘居人后的心态。防卫性强，缺乏安全感，充满怀疑但不是明显的恐惧。

被中国人神化成为智慧化身的诸葛亮应该是 6 号，香港特别行政区首任行政长官董建华先生也应该是 6 号人物，《西游记》中的沙僧、海尔总裁张瑞敏也都是 6 号人物。6 号大多数都没有野心，容易得到领导的信任和依赖。

6 号也确实值得信赖，因为他没有篡位夺权的反骨或者企图心，比如“鞠躬尽瘁，死而后已”的诸葛亮，一直兢兢业业、不辞辛劳地为蜀国服务。张瑞敏曾说：“我每天晚上睡觉前都在想，如果企业破产倒闭了怎么办？”6 号人物容易产生这种焦虑，永远都在担心。记者问过张瑞敏：“你为什么能够取得今天的成功？”他说：“因为我很自卑，我需要不断取得一个又一个成果来让自己有信心。”

华为创始人任正非也应该是 6 号，他曾说：“十年来我天天思考的都是失败，对成功视而不见，也没有什么荣誉感、自豪感，而是危机感，也许就是因为这样（华为）才存活了十年。我们大家要一起来想，怎样才能活下去，也许才能存活得久一些。失败这一天是一定会到来的，大家要准备迎接，这是我从不动摇的看法，这是历史规律。”

演员张译是个健康的 6 号人物，从跑龙套到成为主角，再到很多大导演找他合作，在通往成功的道路上，他很有恒心毅力，也耐得住寂寞，

哪怕很多人都说他演戏不行，他也会默默坚持，等待机会，

6号忍辱负重，忠于职守。在《西游记》里，大师兄上天入地抓妖怪，二师兄贪吃贪睡分行李，只有沙僧挑担、看行李、卖力气，或者及时报告“师父被抓走了”。6号永远是守护者，他没有花言巧语。

九型人格中6号比较特别，单独分成两个类型，前面讲的这些都是正6号防卫者，永远在防守。还有一种是反6号，反6号的表现有时给人感觉像8号，特别喜欢挑衅、挑战，引发冲突，但实际上他不是真正的8号，他还是在防御。这一点很像动物，其实动物很少主动攻击人，你被蜜蜂蜇了、被蛇咬了，往往都是动物被动防御。当我们人类闯入动物的生存领地，它们觉得受到了威胁，为了防御才主动攻击人类，在蜜蜂和毒蛇眼里我们是庞然大物，它们为了自保，才主动发起攻击。

6号总是有很多忧虑，比如他们很少买六层以上的房子，为什么？怕地震，怕遇到突发情况。6号坐飞机或者看电影、看演出时，喜欢选离安全出口最近的位置，把可能发生的风险全部想到。一般人坐电梯时看楼层或玩手机聊天，6号坐电梯看检修日期。6号类型的父母对子女的嘱咐特别多，会为孩子想到各种情况，不断地提醒。旅行途中如果有6号朋友陪伴，你会比较幸福，因为他们考虑周全，计划详尽。

6号需要鼓励，因为他缺乏自信，他的拖延症和优柔寡断也是因为他觉得自己没有准备好，时常怀疑自己的能力，需要别人的肯定才能安心。我有一个6号朋友曾经说：“我做决策的时候，先迈出一步画一个半圆，确定这个半圆里面安全以后，再接着迈出第二步。”

四、健康和压力状态下的表现

健康状态下，6号自我肯定，信赖自己和别人，容易与人建立亲密关系，愿意站出来带领团队，信守承诺，对待家人、朋友和所属的团队有

持久的忠诚。

压力状态下，6 号懦弱，自我贬抑，缺乏安全感，易冲动，思想偏激，极度焦虑，经常没有原则地妥协和逃避。

健康的 6 号不再经常焦虑，能够放开自己，走向 9 号的自在。不健康的时候去往 3 号，会变得偏激，没有节制，不踏实，极度焦虑。反 6 号在这种情况下容易攻击别人，非常可怕，我们在生活当中要善于区别反 6 号和 8 号。

曾经有一个学员一直觉得自己是 8 号，但实际上他是反 6 号，他喜欢发表长长的议论，8 号不会这么做，8 号没有耐心，写文章也不是强项，而 6 号属于思维组，愿意用理论和逻辑来与世界互动和沟通。在电影《中国合伙人》中，黄晓明生动地演绎了一个从不健康走向健康的 6 号，从缩在后面到愿意站出来带领团队往前走。在电影中，邓超演一个 3 号，佟大为演的是下一讲要讲到的 7 号，他们三个人在美国跟人谈判，6 号本来是不愿意出头的人，他什么时候会站出来呢？团队受到挑战和冲击，朋友或伙伴有危险时，他就会站出来，为了救人危难，为了集体荣誉，为了别人的事情，他愿意站出来，忠诚和承诺激发了 6 号的勇气。那一刻，6 号不再是缩头乌龟。

如果你身边有 6 号朋友，请一定要珍惜，可能他不光鲜亮丽，不是天生的帅哥美女，也不像 3 号和 7 号那么能说会道、幽默风趣，也不像 5 号那么渊博，但是他忠诚，这是朋友间最宝贵的品质。6 号也喜欢研究和思考，但是和 5 号的出发点不一样，他不是为了享受智慧和探索的乐趣，他是为了安全，觉得了解越多就越安全。为了自己、家人、朋友和团队的安全，6 号愿意去不断尝试和探索。

如果国家也有性格型号的话，那日本就是 6 号，日本人有纪律性，非常有危机感，善于提前准备，全民储蓄，几乎不跳槽，对工作单位很忠诚，而且谨小慎微。日本也有反 6 号的时候，日本发动侵华战争，安图称霸亚洲，并向美国宣战，偷袭珍珠港，这是非常不可思议的，所以有时候反6号完全不符合本来的性格。日本企业非常看重资历，如果能够在一家公司坚持干到退休，就可以拿到非常高的退休金，大企业也是每年涨一点工资，用这种方式来培养员工的忠诚和凝聚力，所以日本员工很少频繁跳槽。

五、总结

学完九型人格以后，大家可以去感受一下不同企业的建筑或装修设计风格，这都会透露出一个企业的文化，比如前台的布置、地段的选择、装修的风格。

6号喜欢团队合作和集体活动，3号想突出个人的名字，希望全世界都知道这是自己一个人的成果，但是6号关注的是团队的成就，所以3号向6号提升就是走向成熟健康。

这一点还是用华为举例：任正非本人在华为公司的持股比例只有1.01%，其余的98.99%属于华为投资控股有限公司工会委员会，十多万名华为员工在工作期间享有股息分红权。

6号的人缘很好，财务状况也很好。珍惜你身边的6号朋友，多鼓励他、包容他。

6号懂得谦让，虚心待人，很少跟人发生冲突，也不会嫌弃别人笨。6号的踏实、善于等待和忍耐都是3号需要学习的。

有时候6号可能会有点无趣，有点过分担心和焦虑，不要去嘲笑他们杞人忧天，要鼓励和认可他们，让他们更愿意相信自己，从而释放出自己的能量，制定更大的目标，取得更多成果。

• 三山问答

1. 作为6号员工的上司，我很欣赏他，也想提拔他成为骨干，我该用什么方式让没有野心的6号愿意被提升？

这是个好问题，因为通常情况下，6号不愿意被提升，为什么呢？因为6号觉得不安全，担心引起别人的嫉妒，而且要承担更多的责任，万一做不好怎么办？出了差错怎么办？如果你想让6号做骨干，需要提拔得慢一点，让他负责的事情慢慢变多，默默给他涨工资，要把节奏放慢，而且要全程不断鼓励他，打消他的顾虑。比如你打算半年内提升他，可以拖到一年，一年可以拖成两年，这期间可以给他加薪，因为薪水增加的事只有他自己知道。你用这种方式告诉他：我想让你承担更多，6号会懂的，总的原则就是要让6号觉得被提升很安全。

2.6号能够独自带领团队并创造效益吗？

想让6号独当一面，独自带领团队，这没问题，不过最好还是让6号做名义上的副手，实际上的一把手，这就相当于给他一个保护伞。你安排的一把手可以是兼职的，也可以是长时间不在位的，而且要给予6号最大化的信任和支持，不要给6号孤军奋战的感觉。

第八讲

7号快乐者

内心独白

我喜欢新鲜好玩、自由自在、开心快乐的生活，讨厌重复沉闷的事情。我做事缺少耐心，浅尝辄止，初期的新鲜感过后，我就会热情减退。当压迫感来临的时候，我通常会选择逃避，不愿意面对。这个世界之所以美好，是因为我们可以选择快乐。

7号在思维组里属于表现不足，有时候大家甚至会觉得7号不像思维组的人，因为他好像很少认真思考。

一、特征

外形：7号精力过剩，语言幽默，思想天马行空，有多动症；穿着时尚，显得比实际年龄小；热爱美食和娱乐活动，享受生活；富有创意，想象力丰富，接受能力快，博而不精；乐观积极，逃避痛苦，欣赏“娱乐至上”的精神；喜欢群居，喜欢热闹喧嚣。

口头禅：好玩，开心，有趣。

健康：因为太喜欢娱乐和美食，容易饮食无度、休息不足，可能会患有糖尿病、胃溃疡等。

唐僧师徒四人，我们已经分析过了，沙僧是6号，孙悟空是3号，猪八戒就是7号，《射雕英雄传》里的老顽童周伯通也是7号，很多7号都像老顽童这个类型，显得很年轻，因为他们永远保持着一颗童心。动画片里面的蜡笔小新，调皮捣蛋，搞怪卖萌，也应该是7号。7号幽默风趣，喜欢探索好玩的东西，即使一个人待着也能玩得很高兴。

7号没有威严感，也不太讲究个人形象的端庄稳重。猪八戒和老顽童的穿着都不是中规中矩，基本上就是随心所欲，自己喜欢怎么穿就怎么穿，怎么轻松就怎么来。迪士尼公司的创始人应该是一个7号，米老鼠的形象是如何诞生的？沃尔特·迪士尼先生最落魄的时候，住在一个仓库里，好多老鼠跑来跑去，一般人在这种情况下都会很悲观，但是7号非常乐观，他把这些老鼠看成好朋友，欣赏它们的玩耍，并创造构思了米老鼠的形象。任贤齐、曾志伟、刘嘉玲应该都是7号，提到这些人的时候，你会觉得他们很有喜感，会不由自主地微笑。

蔡澜也应该是7号，他的头衔太多，又是美食家又是作家、编剧，身份也非常多，这说明7号是多面手，玩什么都能玩好，玩得像模像样，成为行家里手，而且他是带着乐趣在玩，不好玩的事情7号是不会去做的。

7号给人精力过剩的感觉，有多动症，猴子屁股坐不住。如果让一个7号去禅修打坐，那他会非常痛苦，除非他认为禅修很快乐。7号穿着时尚，但是他的时尚和3号不一样，3号注重名牌和品质，7号要体现潮流，充满动感有活力，但不一定是名牌，这种时尚感会让7号显得比实际年龄小。

7号的鬼点子比较多，一个接一个，见解很有创意，接受能力快，但是理解不够深入。不健康的7号会给人以不好的印象，飘或者浮在表面，不能沉淀下来，不够靠谱，他什么都懂一点，但是都不精不专。不健康的7号会逃避痛苦，因为他们觉得人生就是追求快乐，逃避痛苦会让7号少了一份厚重和深度。

7号很难管，不要试图去控制或者管理一个7号，他不喜欢被拘束。

二、基本恐惧和基本欲望

基本恐惧是束缚、被困住，承受压力与痛苦。

基本渴望是追求快乐。

不是每个型号都会把快乐当成人生最重要的事情，2号要付出，3号要成功，4号要与众不同，5号要有智慧，6号要安全，而7号把快乐放在人生的第一位。

三、性格特质

乐观积极，精力充沛，兴趣广泛，多才多艺，见闻广博，喜欢探索新鲜事物，深知自我娱乐之道。贪食，有惰性，不知足，自诩享乐主义者，倾向于及时行乐，以自我为中心，很少顾及他人感受。讨厌规则，等级观念淡薄，具有反叛精神，目标不清晰，不重视承诺。

四、健康和压力状态下的表现

健康状态下，7 号去往 5 号，有节制，拥有鉴赏能力；活得精采，懂得充分享受生命的高潮和低谷，热情洋溢又沉静稳重；有更多的耐心去研究，多才多艺，会给周围的人带来快乐。

压力状态下，7 号去往 1 号，贪食浪费，极度以自我为中心，为了满足自己的需求而伤害别人，沉溺于享乐，思想浮躁，挑剔易怒。

大多数 7 号只懂得享受生命的高潮，而不懂得承受生命的低谷，所以他们逃避痛苦，而当一个人生命中只有快乐没有痛苦，那生命就少了一份厚重和深度。当 7 号愿意面对并承受痛苦时，他会多一份同情心、耐心，会在痛苦中创造快乐，他们既热情洋溢，又沉静稳重，活得更加精彩。

压力状态下的 7 号非常挑剔，很容易生气，你会看到一个原本很快乐的人忽然反常地暴躁易怒。他们的怒气来源于哪呢？来源于他们找不到快乐，他们看到了有缺陷的、不安全的、不够完美的世界，所以才会挑剔，结果越挑剔越不快乐，陷入恶性循环。

有一次我去香港，我把航班告诉一个 7 号朋友，他答应来机场接我。结果等我到了香港机场，在出口等了半天也没看到他，我给他打电话，他居然还在地铁上。7号不会提前去机场等你，因为路上他会玩，而且他不想独自焦急地等待。等我的朋友到了，我开玩笑地说："幸亏你今天接的是一个九型人格老师，如果换了别人可能早就生气走了，从此就把你拉黑，还好我知道你是7号，所以我会理解包容你。"他是一个博士，曾经在香港大学当老师，算是一个健康的7号，他知道去弥补自己的不足，愿意深入地研究学问，但是7号不靠谱的本性偶尔还是会有。

我还有一个7号朋友，也是老师，好几次上课迟到，原因是他记错时间或者忘了，然后跟学生说可以晚一点下课，把耽误的时间补回来。课间休息的时候，他的助理会端一盘鸭脖给他，他就在教室里一边吃鸭脖，一边回答学员提出的问题，你在其他老师的课堂上很难见到这种画面，但是学员们都理解包容他，这是7号老师的风范，其他性格型号学不会。这位7号老师着装非常夸张和个性化，很大的骷髅头项链，紧身T恤衫，系个小丝巾，打个海盗结，穿一条很鲜艳的橘黄色裤子，你绝对想不到他秃顶、身材肥胖，而且年过半百，这说明7号时尚，会把自己打扮得很年轻。还有一个7号朋友是学医的，让一个坐不住的多动的7号学医，的确是很大的挑战。他说选择医生这条路，就是因为医学专业很难学，但他喜欢探索和挑战自己，愿意忍受寂寞和枯燥。我们都知道医学是各个专业里面最难考、花费时间最长的，没有十年时间，很难培养出合格的临床医生。他博士毕业后去德国留学，作为一个7号愿意选择去严谨的德国留学，这说明他比较了解自己的性格短板并努力改善调整，是一个健康的7号人物。

健康7号的代表人物是蔡澜。

我们大多数人都知道他是美食家，其实他更擅长的还是编剧和监制，做电影监制非常不简单，因为你需要了解整个电影制作的流程，知道每个步骤的工作方法才能胜任。一部电影拍出来需要很多岗位的配合，编剧、导演、演员和现场的道具、舞美、灯光、摄影，以及后期的剪辑合成、上市宣传，等等，电影工业是一个非常庞大的体系，监制要把整个体系都管理起来，这种事适合思维组的人来做。

蔡澜和金庸、黄霑、倪匡被称为“香港四大才子”，这四个人里面，蔡澜是真正的食神，曾担任《舌尖上的中国》节目总顾问。这样一部火遍大江南北的美食纪录片，能够邀请他做总顾问，你就知道他有多能吃、爱吃、善吃，而且他吃得非常健康，所以他还有一个身份——世界华人健康饮食协会荣誉主席。

蔡澜出生于 1941 年，现在已经算是一个老人了，他发表过一篇文章《死前必吃》，讲述了一个人在临死之前必须要吃的东西。经常有人说，一生必去的 50 个地方或者 100 个地方，但是对于吃货来说，临死之前必须要有美食。蔡澜说人的一生中，做什么事都没有吃饭的次数多，除非你对食物一点兴趣都没有。曾经有一个知名的日本歌舞伎演员吃河豚被毒死了，但是死的时候面带微笑，这是 7 号的生命观。享用美食之后被毒死了，一般人都会觉得不值，但是 7 号会更看重食物的甜美，即使献出了生命，也会带着满足的微笑。健康的 7 号是多面手，会走向爱阅读爱思考的知识渊博的 5 号。蔡澜在接受访问的时候说过，好的导演要看书，他始终保持着惊人的阅读量，一般上午读中文，下午读英文，他认为一个人不喜欢看书，那就没有资格写作。7 号的文字当然是快乐的，大家都爱看而且雅俗共赏，蔡澜中学的时候就开始尝试写影评和散文，还挣了不少稿费。

蔡澜有一篇文章叫《不如任性过生活》，里面写到：没钱也能够好好玩，不玩对不起自己，生老病死是必经过程。既然知道人生有这么四件事，还不快点去玩。玩不需要有什么条件，看蚂蚁搬家也可以看个半天；养一条便宜的金鱼，都可以玩个够。这些话是不是很有智慧？有没有发现 7

号始终在说玩?

蔡澜还说过:“下棋种花养金鱼都不必花太多钱，买一些让自己悦目的日常生活用品也不会太破费，绝对不是玩物丧志，而是玩物养志。人类活到老死，不玩对不起自己，生命对我们并不公平，我们一生下来就哭，长大后不如意事十常八九，只有玩才能得到心里平衡。”这就是 7 号的人生观点，生命要用来寻找快乐，不然对不起自己。当然蔡澜的话语中，最能够体现 7 号特点，反映 7 号基本欲望的还是那句“活得不快乐，长寿有什么意思”。

“人生的意义到底是什么呢？吃得好一点，睡得好一点，多玩玩，不羡慕别人，死而无憾，这就是最大的意义吧！一点也不复杂。”这是 7 号集体的心声，也是蔡澜先生教给我们大家的豁达的人生智慧。当我们的 7 号朋友陷入困境、走入迷茫的时候，多想想蔡澜先生的话，可以为你拨亮心头快乐的烛光。

不健康的 7 号是什么样呢？我有一个 7 号朋友，开广告公司，我给他介绍了一个客户，约好了时间见面，结果他却没有出现，我赶紧给他打电话，结果他说:“哎呀，我忘记了。”对于 7 号来说，同一个时间段，他可能会约了 A 一起吃饭，也约了 B 一起打牌，再约 C 打球，约 D 一起唱歌，等到了时间，他会在几个选项里挑一个最好玩的，再把其他活动以各种理由推掉。如果你有一个 7 号朋友，你要有这样的思想准备。

再举一个不健康 7 号的例子。有个 7 号朋友说:“某某和某某他们俩都是单身，我想把他们俩撮合在一起，你觉得怎么样？”我说:“你不是想说媒，是想看看完全不合适的他们俩在一起怎么搞笑吧！”他说:“呵呵你怎么知道的，我就是觉得这两个人在一起肯定很搞笑。”跟 2 号不同，如果 7 号想做媒，不是因为他关心这两个人，而是因为他觉得这两个人在一起应该很好玩，恶作剧让 7 号很开心。

7 号要了解自己性格的短板，相信苦也是生活的滋味，不要逃避痛苦，有时候痛苦才会让你得到真正的成长。如果一生当中只有快乐，从来没有尝过痛苦，那你就无法体会真正的快乐。

• 三山问答

1. 我经常不守承诺，朋友们都不愿意相信我，甚至不理我，但是我的生活又比较像苦行僧，严格自律，拿不起放不下，怎样才能像 7 号一样洒脱呢？

很多人都想做 7 号，因为觉得 7 号快乐洒脱，但如果你只想逃避痛苦、追求快乐，那总有一天你会付出代价。

当你做出选择的时候就必须要承受选择的代价，你不守承诺就会失信于朋友，甚至失去朋友，这是你性格中的短板，必须要注意这一点并将其转变过来。信守承诺和生活洒脱之间，并不存在本质上的冲突，不是非此即彼，而是你以洒脱为借口，回避了信守承诺的责任。真正的洒脱是在一定规矩之内的自由，只有明白这一点，你才能修炼出洒脱自如的心态。

我们在分析自己的时候，除了把握简单的外形特征之外，主要还是看自己重大决定时刻的表现，在处理内心巨大冲突时的状态，这样才能对自己有深刻的认识。我们在忠于自己型号的同时，怎样最大程度地发挥性格型号的长处呢？怎样根据性格型号特点更好地与人沟通？这是我们学习九型人格之后应该重点考虑的问题，这样才能发挥知识的作用，以改造自己的人生，创造融洽的人际关系。从佛家的观点来说，任何事情处理不好，要么是慈悲心不够，要么就是智慧不够，面对苦恼和缺憾的时候，看看自己缺什么吧！

2. 我经常会有选择障碍症，心里非常纠结，总觉得不能事事兼顾，

这是为什么呢？

内心的纠结表明你把事情看得比感受更重要，把事看得比人更重要，这是一面镜子，反映出生活中你对自己的爱不够，更没有能力去爱、去感受身边的人。所以，你需要继续积累智慧，更需要修炼你的慈悲心。对自己多一些爱，你才有能力去关注别人的感受，才有能力去照顾和帮助别人，做事的智慧也会随之增加，会让你少一些纠结。

在人们的眼里，大多数7号比较贪玩、自私，所以要提醒7号朋友，多考虑别人的感受，因为每个人都生活在人际关系中，而不是孤岛上。当一个人离开世界的时候，什么都带不走，唯一能够带走的就是人生的经历和体验，所以我们也应该向7号学习，学习他的开朗乐观，为人生积累更多的快乐体验。

第九讲 思维组小结

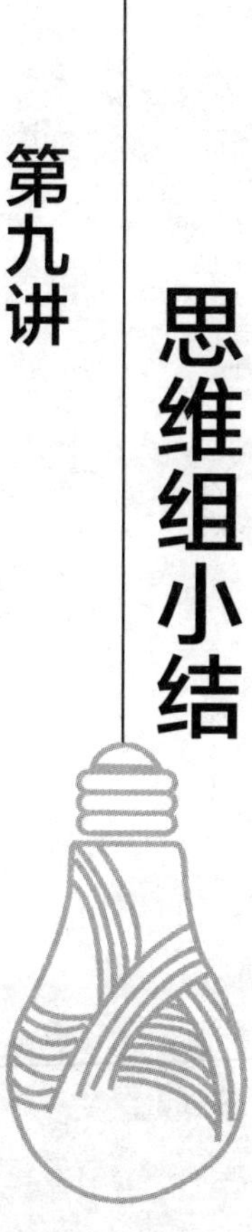

education
Success

思维组的 5 号有许多称呼——由于经常处于思考状态中，所以被称为思考者；喜欢探索未知世界，探索事物的原理和源头，有强大的好奇心和一流的观察力，被称为探索者；总是理智做出决定，不会被情感干扰，又被称为理智者。在人群当中，5 号相对来说并不多。

大脑主要负责思维，心灵主要负责情绪和感受，那种比较情绪化、容易真情流露的人，他的情绪会大起大落，比如我们常说的性情中人，就属于情感组。思维组跟情感组截然相反，5 号最能体现思维组的共同特征，因为他是过度表现，他想用智慧去探索了解整个世界。

3、6、9 号在自己的三元组里都是完全失去，所以 6 号在思维组里就是完全失去，他特别多疑，很难信任一个人，但是他的执行力比较好。

7 号在思维组里是表现不足，他嘻嘻哈哈没有正形，好像没心没肺的老顽童，7 号就是我们常说的乐天派。7 号非常聪明，可是很多时候你又觉得这个人不靠谱，很难说值得托负。情感组里谁是表现不足呢？ 4 号。为什么 4 号里艺术家比较多？当 4 号表达不出来的时候就需要用艺术的方式展现出来，许多伟大灿烂的文化艺术成就都跟痛苦有关。比如屈原在被放逐的时候写了《离骚》，司马迁遭受宫刑之后编写了《史记》，曹雪芹被抄家之后，贫困潦倒、举家食粥，才写出了《红楼梦》，米开朗基罗把自己关在一个教堂里整整 4 年，4 年之后整个教堂的天花板上画满了圣经的故事。7 号的表现不足也跟痛苦有关，他不愿意让自己待在痛苦里，当一个人总是逃避痛苦，甚至不愿意在痛苦中学习成长的时候，就会有点飘、不靠谱，给人以不稳重踏实的感觉。

思维组的驱动力来源于逻辑和思维，他们靠大脑驱动，能量的表现力不高，因为思虑过度，他们体形相对偏瘦。在九型人格中，本能组的能量最高，因为他们有本能的洪荒之力；其次是情感组，会有情不自禁地真情流露；最后是思维组，理智和冷静压抑着能量。

随着大家学习的型号越来越多，最容易出现的问题就是相互混淆，所以要不断进行对比，讲到新的型号的时候，跟前面的型号做对比，就不会一边学一边丢。

理论是灰色的，生活之树常青。每个人的外形特征是判断性格型号的参考，但是不能扩大化、绝对化，不能先入为主，不能因为这个人瘦就一定是 5 号，不能因为那个人穿得光鲜亮丽就一定是 3 号。在九型人格基本原理中，我也说过：即使是同一个型号，每一个个体也是独一无二的。

一、思维组共同特征

思维组的人优柔寡断，缺乏改变和前进的动力，改变会引起他的不安全感，想让他迈出改变的第一步非常困难，他需要前思后想、左顾右盼，预想很多情况和方案，即便在前进的过程中，他也会小心翼翼，随时停下来评估安全状况。如果你想要支持思维组的人，就要对他有更多的耐心，陪着他一起分析、观察，鼓励他勇敢尝试，勇敢战胜困难和心中的不安全感。

思维组的普遍问题是容易焦虑和缺乏安全感，希望寻找和建立思想上的指引或者支柱，都有一些优柔寡断，所有的事情都要深思熟虑才做决定，这跟情感组的人截然相反，情感组的人易冲动，做决定很快，但也可能反悔很快。思维组的人想得太多，做事情缺乏改变和前进的动力，这是思维组的普遍特征。

思维组要寻找思想的指引和支柱，5 号人物佛陀在找到自己心灵的指引和支柱以后，也帮助更多的人找到了信仰的力量，所以有人觉得 5 号在为全人类思考。

二、在健康和压力状态下的不同走向

5 号在压力状态下走向 7 号，一个生活简单朴素的人突然开始追求享乐，不再躲在自己的孤独城堡里面，愿意走出来跟人群互动，这是 5 号在压力状态下的表现。反过来，健康的 7 号需要走向 5 号，愿意独处，能够面对真相进行思考。

5 号在健康状态下走向 8 号，不再是思想的巨人、行动的矮子，变得有魄力，有激情，有行动力，敢于拍板作决策和承担责任。

5 号的两个翼型是 4 号和 6 号。5 号和 6 号有什么区别呢？ 6 号喜欢群体，5 号喜欢独处，6 号愿意跟人互动，5 号喜欢静静地观察别人，不愿意参加和享受团体聚会活动。

翼型偏 6 号的 5 号，更愿意跟集体在一起，在团队中感受自己的存在，如果偏 4 号，在富有哲理性的同时拥有丰富的内在情感，不再百分之百靠理性做人，需要有相对独立的私密空间进行思考。

6 号在健康状态下走向 9 号，对这个世界充满信任，这种信任是发自内心的，而不是假装的。6 号在压力状态下走向 3 号，低调朴素的 6 号变得有点爱出风头，喜欢站到台上，让别人看到自己，让别人知道自己在团队中的位置。

健康状态的 7 号走向 5 号，享受快乐，也能面对人生应的痛苦，认识到酸甜苦辣齐全才是人生真正的滋味，如果人生只剩下快乐，那就不是真正的快乐——因为没有比较。7 号在压力状态下走向 1 号，苛刻挑剔，让身边人感觉压力很大。正常状态的 7 号很少生气，因为他喜欢快乐，你很少看到他发脾气。1 号喜欢路见不平，好管闲事，同时也热心公益，对于 1 号来说，这个世界有很多不完美的地方。当 7 号走向 1 号的时候，开始挑别人的毛病，开始管闲事，容易生气，不再只关注自我的感受，让人感觉压力很大，甚至不能接受。

三、能量

找一些你熟悉、喜欢或关注的人，尝试运用九型人格去分析求证。

如果你想要分析一个人，尤其是名人，他的传记或记者访谈，都是了解这个人的好材料，尤其是注意他在事业、情感、婚姻等人生重大选择时的表现，因为在做出重大选择的时候，人类往往都会遵循自己内心深层的基本欲望和恐惧。

了解一个人的童年也很重要，童年是人的性格形成的源头，成长环境对人的影响也是至关重要的。

开始的时候，我们可以先尝试去分析一些比较年长的名人，因为他们被观察和记录的时间比较长，素材比较丰富，很多性格特征已经定型，表现比较客观稳定，从而降低分析的难度，提高分析的准确率。一些人们喜闻乐见的、优质的影视和文学作品是生动的九型人格教材，尤其是传统的、描写刻画人物比较多的作品。这些优秀作品在人物性格塑造上不是千篇一律的脸谱化、程式化，人物性格鲜明，丰满立体。

思维组在三元组当中相对比较低调，因为这个组的能量都跟逻辑和思维有关，爱琢磨研究，比较适合需要观察和分析的岗位，也就是人们说的智囊。

• 三山问答

1.4 号要追求美，可是为什么张国荣会用跳楼这种不美的方式来结束自己的生命呢？

电影《阿飞正传》里面有一句台词："有一种鸟是没有脚的，只能不停地飞，一生中只停下来一次，就是它死亡的时候。"据说张国荣当年接到《阿飞正传》剧本的时候，他非常喜欢，他觉得自己就是没有脚的鸟，所以他选择用跳楼的方式结束生命，在霎那间享受飞翔的感觉，像一只自由的小鸟一样。

2. 九型人格和星座、血型有什么关系呢？

我对星座和血型没研究，没有研究就没有发言权。我只知道很多全球 500 强企业都会用九型人格的理论来培训员工，提升公司的管理水平，增强团队凝聚力，而不是用星座理论来培训员工和团队。

3. 一个城市或者国家会有性格型号吗？

一个城市或者国家也有自己的性格型号，但是这本入门级的基础教材只讲解人的性格型号，至于国家和城市的型号，在高级教材中才有讲解。如果要了解一个国家和城市的性格特征，不仅要具备九型人格的理论知识，更需要对历史、地理、艺术和建筑学、城市规划学有很深的理解，需要深厚的知识储备和文化根基。

第十讲

8号领袖者

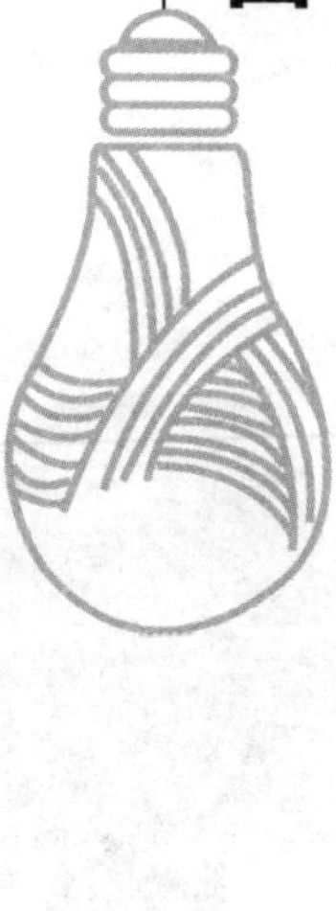

内心独白

我对人直截了当，有正义感；别人是否喜欢我，这不重要，重要的是人们要尊重我和敬畏我；我喜欢带领并保护身边的人，但别人却不领我的情，反而认为我太过“专横”，并且疏远我；我要用强大的力量来惩恶扬善，维护公正，来保护我的下属。

唐朝大诗人杜甫有一首五言诗《春夜喜雨》：好雨知时节，当春乃发生，随风潜入夜，润物细无声。野径云俱黑，江船火独明。晓看红湿处，花重锦官城。这首诗中最有名的句子就是“随风潜入夜，润物细无声”，希望大家在这本书中看到的内容，就像细雨一样润物无声，点点滴滴进入大家心里，让你在工作和生活中慢慢受益，发生积极的改变。

一、本能组的特征

本能组有三个型号，8 号、9 号和 1 号，在这三个型号当中，8 号是过度表现，大家回想一下，每个组里过度表现的都是谁？情感组是 2 号，思维组是 5 号，本能组是 8 号。8 号希望成为领导者，他的感染力和领导能力特别强，也因为过度表现，所以 8 号喜欢制造并享受冲突，他不喜欢过安生日子，适合创业，不适合守业。因为守业太平淡了，缺乏挑战，8 号不是安分的人。相对来说，守业更适合于 6 号和 9 号，因为他们重视平稳和安全。

8 号表现出强烈的控制欲——因为害怕失控，控制欲是 8 号的明显特征。每个型号都有一个典型特征，比如 2 号讨好、取悦别人，3 号爱炫耀和随时证明自己优秀，4 号多愁善感，5 号离群索居和追求真相，6 号多疑和忠诚，7 号多动和爱玩，那 8 号呢？就是控制，让人惧怕，让人觉得很强势，有压力。在一个团队当中，如果你的属下是 8 号，那可能就意味着你是他的对手。8 号喜欢搞派系，当老大，在他心里站队意识很强，跟 8 号相处的时候，要留意这一点。

本能组是三个三元组里能量最高的，但是本能组里的 9 号却是九型人格中能量最低的，5 号的能量已经很低了，可是 9 号比 5 号还要低。9 号是完全失去，他是生活中的老好人，或者是特别懦弱的人，比如《水浒传》里的武大郎就属于 9 号，他没脾气，逆来顺受，也没有什么反抗能力。1 号呢？属于表现不足，有表现，但是又不够充足，所以 1 号给人的感觉就是容易生闷气，他属于本能组，但是又自己压抑愤怒，为什么要压抑愤怒呢？因为 1 号有崇高的道德自律，他认为乱发脾气是不好的、不对的，一个很有修养、很有素质的人，怎么能发火呢？要讲道理。大家想象一下，1 号追求完美，他能第一时间看到事情的不足或弊端，可是他又对自己的道德和个人修养有很高要求，在这两种情绪的夹击之下，1 号会把随时产生的愤怒情绪消化在内部，并以外部的不完美警醒自己。

本能组有两个普遍问题，一是侵略，二是压抑。侵略是指欲望泛滥，本能失控，就会溢出到别人的空间，这里的侵略不是一个贬义词，比如人们常说才华横溢，其实就是一个人的才华溢出来了。8 号就常常越过自己的边界，他喜欢打抱不平，1 号也喜欢打抱不平，只不过 8 号使用权威和力量，甚至会诉诸于武力，而 1 号使用道德规范，他喜欢讲道理。所以本能组的人共同的关键命题是：能否跟自己的本能，也就是生命力和欲望保持平衡。

为什么说本能组的能量最强呢？我们举一个简单的例子来说明，我们大部分没有经过专业训练的人，一般都是用喉咙直接发声，而经过专业训练的人则是借助胸腔、腹腔的发力和共鸣来发出并增大声音，讲话的中气特别足，连续讲话很长时间也不会声音嘶哑。还有一种特别有意思的现象，新生的婴儿可以连续哭很长时间，甚至整晚整晚地哭，嗓音也依旧洪亮，因为小孩哭的时候拳头握得紧紧的，哭得满头大汗，全身都在用力参与哭泣，哭泣也成为婴儿锻炼肺活量和力量的主要形式之一。换作我们成年人，哭一个小时就会头晕目眩，根本就吃不消，更别说号啕大哭了。据说，意大利男高音歌唱家帕瓦罗蒂有一次住酒店，隔壁房间的小孩一直哭，吵得他整晚无法入睡，非常烦恼，一直到天亮时小孩才渐渐入睡，世界终于安静下来，在那一刻他忽然想到一个问题：为什么小孩子可以声音洪亮地哭一个晚上？作为高音歌唱家，我可以唱一个通宵吗？他从这个小孩身上学到了发声技巧。通过这个例子，大家就可以理解本能组的能量为什么是最强的，因为本能可以调动全身的力量。在我们的生活中，因为母爱的本能，一个瘦弱的母亲可以战胜豺狼野兽，可以搬动几百斤的重物；因为求生的本能，有的人瞬间奔跑的速度可以超过世界纪录，由此可见本能的力量是非常强大的。

既然本能组的能量是最强的，那是不是说本能组的每一个人的能量都很强？当然不是，本能组里的 8 号是过度表现，9 号和 1 号是要么失去，要么不足。即使是在本能组，如果失去表现，他的能量也可能低于思维组和情感组，但是当他们回到健康状态的时候，他们的能量会迅速升高。

每一个人的思维、情感和本能都在运转，只是由于基因遗传和成长环境的影响，我们与外部世界互动的时候，用某一个部位比较多、比较顺手，其他两个部位的功能就沉睡了，沉睡不等于没有，只是你用得少了而已。

所以大家每学完一个型号，都要进行一个思考：我可以从这个型号身上学到什么，从这个组学到什么？因为其他型号拥有的优势和不足，可能在我们身上都或多或少存在，我们需要这种自省来全面认识自己。正如古希腊那句箴语所说：人所具有的，我无不具有，对外部世界的观察都要转向自己的内心。希望通过学习九型人格，大家可以增加自信，别人身上的优点和专长，我们通过努力锻炼也能够拥有；也可以增加对自己的宽容，对别人的宽容，正确认识问题和不足，找到解决问题的方法途径。

我们要把自己失去的或者隐藏的那些像黄金一样宝贵的品质慢慢找回来，让自己更加充实强大，同时既要看到阳光下的光鲜亮丽，也要看到背后的阴影，看到自己和世界的阴影及不足，但是不要去挑剔和指责，而是心生慈悲，宽怀包容并努力改变。

二、8号的特征

外形：一般强壮魁梧，气场十足，霸气，敢于挑战权威，但是不喜欢别人挑战自己的权威；爱竞争，爱冲突，喜欢看暴力血腥的影视剧，从小喜欢打架，喜欢当老大；思维天马行空，有强烈的物质欲望；说话直接，语音洪亮，中气十足；喜欢热闹，容易放纵自己；比较贪婪，有权谋也很天真。

口头禅：就这么定了，控制，我说了算，听我的，我会保护你。

问题：经常暴饮暴食，情绪容易激动。

成吉思汗、成龙、董明珠、被称为铁娘子的撒切尔夫人、俄罗斯总统普京等，都应该是8号领袖型人物。这些人物有一些共同特征：表现比较强势、铁腕，敢于冒险，有闯劲，有魄力，有影响力，办事干脆利落，让人愿意追随，给人安全感。

在8号的人生道路上，对于理想的选择，始终坚定不移，很少看到他们变来变去，8号不会轻易改变。这几个代表人物的一生都不是一帆风顺的，因为他们喜欢冒险，喜欢战胜危险之后所体现的成果。他们大部分都是白手起家，性格坚韧，经得起命运摔打，哪怕最险恶的环境，只要打不死他，他就可以重新站起来。他们是真正的强者，由内而外散发出强者的光芒，很难被掩盖。

虽然8号是老大，但是他没有权威意识，反而喜欢挑战权威。7号也有这个特点，因为7号没有等级和权威的概念，他觉得挑战很好玩。而8

号挑战权威则是为了争夺老大的位置，争夺掌控权。8 号喜欢竞争，这和 3 号有点像，3 号是要当第一，8 号是要当老大，8 号的业绩未必是第一，但是必须要让他说了算，这是两种竞争之间的区别。

8 号不畏惧冲突，喜欢“搞事情”，更不怕有事，因为冲突的背后就是控制权的较量。8 号喜欢看暴力血腥的影视剧，为什么呢？因为他会觉得兴奋，暴力是本能冲突的终极表现形式。

8 号有权谋、有城府，同时又非常天真，这是一种矛盾的组合，你常常会纳闷怎么老大像小孩一样？

跟朋友聚会，8 号喜欢买单，慷慨大方，因为买单会给他带来“你们都是我的人”的感觉。很多 8 号都是暴脾气，他们情绪容易激动，所以跟 8 号说话要注意策略和艺术，他没有耐心听你讲完，跟他讲话的时候，最好提高音量、加快语速，少说文诌诌的理论和概念，坦诚直接地说出实实在在的东西。

2 号希望全世界的人都喜欢自己，8 号则需要全世界的人都尊重和敬畏自己，跟 8 号交流的时候，要给予足够的尊重和敬意。

8 号有维护公正的行为，看上去有点像 1 号，但是 8 号这种行为的目的是保护自己人，而不是像 1 号那样内外一视同仁。

三、基本恐惧和基本欲望

基本恐惧是被别人认为软弱，屈服于别人，被人伤害或控制，领导地位受到侵犯。

基本欲望是对于自己生命的走向有完全的自主权，希望掌控一切，捍卫自己的利益，做生活的强者。

8 号从不示弱，喜欢死撑，哪怕是已经不行了，也要撑出一副架子，不能让别人发现自己的软弱和失败。8 号绝不投降，不愿意被人伤害，被人控制，或者是被人侵犯，这些都是 8 号绝对不允许发生的事情。

四、性格特质

彻底的自由主义者，敢冒险，自信果断，是掌舵人、创业者；固执，有支配欲，给人有霸气的感觉；抗拒牵绊，对别人的防卫心较强，不让人接近；感觉迟钝，注重强化自己的“保护壳”，防止受伤。

你很难用清规戒律去管住 8 号，如果团队里有 8 号，你要让他管几个人，否则他很难单纯地只接受管理。

8 号很专横，很难听进去别人给他的意见。他不让人接近，就是为了不让人发现自己的软弱。

五、健康和压力状态下的表现

健康状态下，8 号走向 2 号，希望自己成为英雄人物，勇敢宽容，纯真自信，有自制力，能够将心比心，站位客观，令人尊敬，对众人有启发和鼓舞作用，有天生的领导风范。

压力状态下，8 号走向 5 号，性格残暴，极具攻击性，没有同情心，欺凌弱者，自高自大，复仇心重。

8 号是九型人格里面最勇敢的人，如果你从小就是孩子王，不管干什么事儿都是喜欢当头的人，那可能你的 8 号分比较高。健康的 8 号走向 2 号，2 号有耐心、有爱心，会设身处地为别人着想。这时的 8 号内心充满了爱，不再只想着控制别人，愿意把自己的力量奉献出来，也愿意放低身段去服务别人。这样的 8 号非常有魅力，既有那种让人觉得安心的强势力量，同时又有 2 号的温柔、温暖和爱意。

8 号在不健康的压力状态下走向 5 号，强势的 8 号本来就拥有本能的洪荒之力，再加上5号近似于冷酷的冷静思考，做事不会掺杂情感因素，所以8号就变得非常冷酷残暴，极具攻击性，没有同情心，斩断了七情六欲，喜欢欺凌弱者。

千万不要得罪8号，因为8号有仇必报。我的一个8号学员说自己现在还记得小时候邻居得罪过她，她一定要找这个邻居报仇，而且她当时只有3岁，居然一直记在心里，在九型人格里复仇心最重的就是8号。为什么呢？因为8号的基本恐惧是被侵犯，你得罪了8号，就等于触碰了他的基本恐惧，他会牢记于心，而且绝不会忍。

一代天骄成吉思汗，他的成长之路充满了艰辛和磨难，甚至可以说是九死一生，但是他善于团结一切可以团结的力量，加上卓越的领导能力和军事指挥能力，他率领的蒙古铁骑一直打到了欧洲，元朝也就成为我国历史上疆域最辽阔的时期。

演艺界的成龙应该是8号人物，他特别喜欢冒险，拍危险动作不用替身，为人又很讲义气，开心的时候像个孩子，海内外的演艺圈人士都称他为大哥。你身边有没有这样的人？这个人是力量的象征，你跟他在一起会很有安全感，你愿意支持并追随他，他做领导是众望所归。

俄罗斯总统普京也应该是8号，他经常在雪地里光着膀子练摔跤，去森林里猎熊，自己驾驶飞机，作为一个国家的最高领导人，他经常用这种形象来展示自己的力量，展示俄罗斯国家的强悍和实力。人们经常说俄罗斯是战斗民族，在普京身上就有比较集中的体现，他曾说："俄罗斯土地辽阔，但是没有一寸土地是多余的。"这种不容侵犯，保护国家利益的语言也反映出普京的8号特征。我国西汉名将陈汤，在给汉元帝的上书中也说过："宜悬头藁街蛮夷邸间，以示万里。明犯强汉者，虽远必诛！"翻译过来的意思就是：应该把敌人的首级砍下来，悬挂在蛮夷居住的房子边，让他们知道，敢于侵犯我大汉王朝的人，即使再远，我们也一定会诛杀他们，这些都是带有8号风格的宣言。

说一个小故事，你可以体会出健康 8 号的另一面。有一次撒切尔夫人工作到很晚才回房休息，发现门从里面锁上了，就敲了敲门，里面问：“谁呀？”撒切尔夫人说：“英国首相。”里面说：“我已经睡了，请首相不要打扰公民休息。”撒切尔夫人想了想就柔声说道：“外面是撒切尔夫人。”于是撒切尔先生就把门打开了。这个小故事就可以反映出撒切尔夫人既是“铁娘子”，又温柔体贴，是一个走向 2 号的健康 8 号。

• 三山问答

1. 影视剧里面的8号人物能再多举一些例子吗?

在2017年热播的电视剧《人民的名义》中，沙瑞金的扮演者张丰毅也比较像8号，还有剧中的祁同伟，8号的分也挺高，他喜欢用武力解决问题，选择用自杀这种激烈决绝的方式做最后的抵抗，即便舍弃生命也不愿意承认失败。

本能组的人比较容易看出来，因为他们通常霸气外露，时刻展现出强者风范。电视剧《大宅门》中陈宝国扮演的白景琦,8号的分也比较高，一言不合就动手，而且特别叛逆。我们在很多黑帮片、警匪片中都可以找到8号人物的身影，他们身上有匪气、讲义气，为了争夺黑帮老大的位置打打杀杀。另外，8号的肢体语言比较多，这也是霸气外露的体现。

2. “发霉的8号”是什么意思?

就是8号没有活出自己的风采和本质，明明有当老大的能力，却被内心的某种声音压抑住了，没有勇敢站出来领导团队，这就是“发霉的8号”。生活当中其他型号也会“发霉”，比如说一个3号不追求目标，得过且过混日子，人生的信念被抑制住了。

3. 本能组的人适合创业吗?

我认为每个型号的人都可以创业，只是需要将自己性格中的优点与创业的要求结合起来。8号希望自己做老大，很难给别人打工，即使打工也不太会时间很长。我认识一个9号老板，经营企业十几年了，是当地的标杆企业。厂里有一个经常迟到的老员工，他不知道该怎么处理，咨询我的意见，我就和那个员工谈了谈，想找到原因再出对策。我问：“你为什么经常迟到呢？”那个员工说：“因为我是老油条啊，我知道迟到也不会受处罚。”老板听了没什么反应，等员工走了之后，我说：“你的脾气真好，员工可以当着你的面说自己是老油条。”9号老板被我提醒之后才反应过来，他说：“对啊，这个人怎么敢当着我的面说自己是老油条！”这种事情绝对不会发生在8号领导的身上，没有员工敢当着8号的面说自己是老油条，也没有员工能在8号的管辖范围内经常犯错。

4.8 号得抑郁症的概率高吗?

这个问题很有意思，我觉得应该是8号让别人得抑郁症的概率比较高，情感组的人患抑郁症的概率比较高，本能组的人不会把郁闷堆积在心中，他们会及时把情绪能量宣泄出来，估计不太容易抑郁。

产生抑郁的原因有很多，心理咨询师认为：一般优秀的人更容易得抑郁症，因为他们有过高的心理期待，如果不能达成目标，就会产生很大的心理落差，情绪容易深陷其中，不能自拔。

另外，抑郁症患者的支持系统都比较薄弱。人的支持系统可以分为三个层次，第一层是你自己，你跟自己的沟通怎么样，能不能每天自我反省，能不能静心思考，能不能自己清理负面情绪；第二层就是你的家人、亲人和爱人，他们是否支持你，能不能与你有真诚的沟通和交流，通过倾诉来宣泄感情；第三层就是你的朋友、同学、同事，如果说这三层的支持能力都不足的话，那就说明你的支持系统不健全，比较容易得抑郁症。

从定性和定量的角度分析，大部分现代人都有抑郁的成分，只是程度不同而已，如果你有一个很好的支持系统，自己就把问题解决了，就能让抑郁的成分维持在一个很低的水平。

8号在什么情况下会得抑郁症？当局面失去控制，8号有心无力而又继续死撑，永远不会示弱，也不会求助，此时8号的支持系统就会变得薄弱，甚至会站在心理崩溃的边缘。有的8号看上去是老大，但是他很孤单，因为他无法让别人分担内心的焦虑，所有的责任、痛苦和烦恼，都是自己默默地一人承担。有时候，我们会觉得很奇怪，貌似强大的人怎么突然之间就垮了，其实那不是瞬间崩溃，而是很长时间的积累，只不过8号很少表现出来，他在忍受和积累中陷入恶性循环，让自己陷入抑郁。我们要关怀身边的8号，当8号攻击身边人的时候，其实他也在残暴地攻击自己，因为攻击是最消耗内心能量的。

第十一讲

9号和平者

内心独白

我是一个平和的人，我相信“忍一时风平浪静，退一步海阔天空”；我害怕冲突，容易退缩让步，万事以和为贵，对人决不苛求，凡事随遇而安，有时会委屈自己；我渴望人人能和平相处，可别人却说我“优柔寡断”。

9号在本能组中是完全失去，9号跟自己的本能、欲望完全失去联系，表现得无欲无求。

一、特征

外形：面部线条柔和，衣着宽松舒适，喜欢拖着脚走路，所以鞋后跟一般容易磨损；人缘好，比较合群，公认的老好人，容易妥协；说话做事慢慢吞吞，语调温和，不爱竞争，心宽；不太关注时尚。

口头禅：都可以，无所谓，差不多就好，你决定吧。

健康：比较懒，不喜欢运动，容易出现“三高”。

电视剧《人民的名义》中的季检察长很像9号，他讲话语速慢腾腾的，谁也不想得罪，希望当老好人，但是他心里有底线。9号没有自己鲜明的观点或立场，就像大家常说的“墙头草”，因为9号不愿意跟别人有冲突，即使心里有自己的观点，也不轻易表达出来，否则就容易产生分歧，9号不想看到分歧，那会破坏和平友好的氛围，让他觉得不舒服。9号穿衣服的标准是让自己舒服，至于这件衣服是不是好看，是不是名牌，是不是显得有档次，这些都不重要。

9号一般不太喜欢运动，如果动物也有型号的话，那熊猫、树獭等慵懒可爱、没有攻击性的动物应该就是9号。如果团队组织集体活动，大家一般不会注意到9号有没有参加，因为他安静，容易被忽略，而且被忽略他也不在乎，他不需要做焦点人物。

9号不苛求自己，对自己都没有高要求，又怎么会对别人高要求呢？9号害怕冲突，喜欢劝架，息事宁人，遇到冲突就会马上跑过去劝架。有时9号为了实现和平的目的，会非常果断，他明白自己要把握好争取和平的机会。

二、基本恐惧和基本欲望

基本恐惧是发生冲突，出现失去或者分离。

基本欲望是维系内心的平和以及外部世界的安稳。

9号属于本能组，但是又要维系内心的平和安稳，这看上去有点矛盾，但实际上9号的本能就是维持平和，保持内心的宁静平衡，如果有外力破坏平和，他就会本能地保护和恢复平和。9号干事缺少激情，讲究安全第一、稳字当先，很少有风风火火的感觉，在很多年轻的9号身上也是如此。

有一个学员说自己最不喜欢9号，觉得9号没出息，没激情，有点逆来顺受，缺少反抗精神。但是9号觉得自己很委屈，他是为了避免冲突、维护和平，才做出让步的，这是顾全大局的表现。当你理解了9号的深层渴望之后，你就能理解他的良苦用心，有时还会钦佩他的大度。

三、性格特质

看上去比较闲散，与世无争，令人愉快，容易相处，甘于平凡，不求进步；对人生价值表现得不是很热衷，为人做事比较被动，自我意识弱，常常将注意力放在别人身上；承认宿命论，一切听天由命；常常强调别人的优势，回避自己的问题，固执己见，随遇而安；容易分散注意力。

9 号很少和别人发生争吵，但是他会使用冷暴力，你要改变 9 号也很难，9 号是温和的固执，喜欢说命中注定。

9 号沉默，不太爱说话，能忍人之所不能忍，所以人们常说 9 号里面容易出超然物外之人。“如果有人在你脸上吐口水怎么办？”“那就让风把它吹干。”这就是著名的寒山和拾得和尚“唾面自干”的对话，也是非常典型的 9 号心态。

四、健康和压力状态下的表现

健康状态下，9 号走向 3 号，知足自律，温文有礼，乐观开朗，认同别人的同时也肯定自己，目标感强，行动力快。

压力状态下，9 号走向 6 号，懒惰，不愿意开始行动，不去面对问题，错失良机；过度压抑自己，自我封闭，随波逐流；凡事不愿出头，尽量避免冲突，是生活中的隐形人。

9 号大概是九型人格中最拖拉的型号，干什么都不着急，有严重的拖延症，说话语速慢，脾气好，他在健康状态下会拥有 3 号的目标感和行动力。

在人群当中，6 号和 9 号都容易被人忽略，如果开会时 3 号没来，大家肯定能够发现，如果 6 号和 9 号没来，则很少有人能够注意到，因为他们平时都不愿意出风头，不愿意展示自己，6 号觉得突出自己是不安全的，9 号觉得突出自己没什么意义，人们最好把我忽略。

9 号比较被动，不会去主动争取，容易错失良机。生活当中的 9 号，非常容易吸引优秀、强势、个性鲜明的人成为伴侣、搭档或朋友，为什么呢？因为 9 号特别能包容忍耐，能够容忍别人的错误和性格上的缺点，很少会有怨言，脸上总是挂着宽容慈悲的笑容，让人看了非常舒服。9 号可以跟任何人做朋友，不苛求，不挑剔，不小肚鸡肠，到哪都能吃，到哪都能睡，随遇而安，所以 9 号的人缘特别好。

著名导演李安接受鲁豫的采访，鲁豫问他：“为什么大家都这么喜欢你啊？”他说：“可能是因为我比较弱吧，大家都可怜我，大家一看，这个人挺不容易的，那就帮帮他吧。”在公众场合，李安呈现出来的状态是文文弱弱的，完全没有那种大导演的架子。他是一个健康的 9 号，从学校毕业之后没有找到工作，他在家里做了八年的家庭“煮男”，全靠他老婆挣钱养家。老婆挣钱比他多，他可以接受；老婆比他厉害，他觉得很好，这是一种很难得的乐观开朗的心态。

有一次，李安和老婆去市场买菜，碰到了一个朋友，朋友说：“李安，你真是个好男人，做导演这么忙还陪太太买菜。”李安的老婆就说：“什么叫他陪我买菜，是我难得有空陪他买菜，我们家平时都是李安买菜的。”李安马上在旁边说：“对的，对的，我们家一直都是我买菜，只要有空我就来买菜。”

李安是华人导演中第一个拿到奥斯卡奖的，颁奖典礼之后，他立即打电话给老婆报喜，结果他老婆说：“这么晚打什么电话，把我吵醒了。”李安忘记了他在美国，和家里有时差。在颁奖礼现场，大家看到他穿得很隆重，但是中场休息时却穿着礼服拿着汉堡包在吃，9 号在生活上非常不讲究。

鲁豫还问李安：“关于电影的发展有很多看法，您支持哪种看法呢？”李安说：“哪种看法都可以，大家都有自己的道理，我没有自己的标准，怎么样都可以。”对于很多人来说，要放弃自己的看法、接受别人的标准很难，但是对于 9 号来说，这太容易了，因为他完全没有标准，怎么样都可以，这样反而呈现出丰富的可能性和多元的发展方向。9 号有佛家所说的那种空性，在“空”里面有最丰富的东西，正因为“空”，才能有无限的可能性。9 号容易消融自我，自我意识没有那么强。

我觉得印度的圣雄甘地应该是 9 号，从甘地的传记中，我们可以找到分析判断的依据。

甘地从英国学习法律毕业后，回到印度做律师。当时印度是英国的殖民地，而且印度的等级制度非常森严，英国殖民者在印度拥有至高无上的等级。有一次甘地坐火车，一个英国人上车后看到甘地——一个印度人坐在车厢里，英国人说自己不能跟下等人一块坐车，就要求甘地下车，甘地当然坚决反对，但是乘警把甘地和他的行李一起扔下了车，这件事情对甘地的刺激特别大。甘地在印度也算是上层社会的人，所以他才有机会去英国接受教育，回来之后又成为很受尊重的律师，可是在英国人看来你依然是下等人。以前的思考观察再加上这次的遭遇，将甘地激发起来走向3号，从此以后，他就带领印度人民走上了反抗殖民统治、争取民族独立的道路，而且目标清晰，行动力强。

很多国家的革命，比如十月革命、法国大革命、美国独立战争，无一不是通过武力、暴力和流血牺牲，才能把剥削者或殖民者赶出去，赢得独立，拿回尊严，但是印度在没有流血牺牲、没有通过暴力革命的情况下，就取得了国家的主权独立，还得到了世界舆论的支持，简直是创造了一个奇迹。他们是怎么做到的呢？就是因为有圣雄甘地的领导。甘地提出"非暴力不合作"的口号和斗争策略，这个方法只有9号才能想出来，他领导印度人民去英国殖民政府门前静坐抗议，要求独立，英国人出动军警殴打他们，可是他们无所谓，准备好担架和医药，一群人被殴打倒下，另外一群人又走过去，就这样前赴后继，坚持"非暴力不合作"，打不还手，骂不还口。甘地还发起了食盐长征和纺布运动，要求印度人民自给自足，抵制洋货和殖民政府的学校、法院等机构，用这种和平反抗的形式争取独立。后来，记者们把这些情况向世界报道，迫于舆论压力和反法西斯战争的需求，英国政府最终只能允许印度独立。一个9号人物不用武力，带领他的人民，坚持用和平的方式赢得了终极目标。

我们要学习9号人物的包容，像大海一样宽容和接纳，放下自己内心的挑剔和偏见，中立客观地看待别人，跟任何型号的人都能和谐相处。9号善良，没有攻击性，希望用非暴力手段解决问题，不喜欢发生冲突，因为9号的能量比较低，所以他希望用低能量的方式来解决问题。

提醒所有的9号，你要有一个清晰的目标，并且要立即行动，坐而论道不如起而行。比学历史更重要的是你的历史观，比珍惜生命更重要的是你的生命观，所以你需要保持自己的基本立场，要有目标和行动力，要淋漓尽致地生活，要创造成果，对社会有所贡献。

•三山问答

1. 我觉得自己是3号，为什么我会突然想成为9号，向着9号的方向发展呢？

回答这个问题之前，我先给大家介绍一下觉察的概念，九型人格中所说的觉察，就是明确知道自己的状态，了解自己的行为特征。要想做到觉察，比较简单的方法就是每天写日记总结，汇总自己一天的言行，并在连续记录观察自己的基础上，明确自己的型号和状态。

健康状态下的3号应该是走向6号，而不是9号，如果一个3号忽然追求淡泊宁静，觉得人生一切都随缘，然后天天钻研茶道，与世无争，这是去往9号的表现，可能是3号在逃避，在目标无法达成的情况下心灰意冷，或者休养生息。这不是3号真正想要的，只是用一个虚假的解决方案来安慰自己，他不会长时间停留在这种状态中。

你是想成为健康的9号，还是把9号作为目标，想成为健康的9号所代表的那一类人呢？这恰恰是3号目标感强的一种体现。你可以把自己心中健康的9号描绘得具体一点，可能那才是你的目标。

2. 我以前的男朋友应该是9号，我俩出现意见不和时，他就采用冷暴力的方法，就是沉默不语或者回避不见，我希望出现分歧时要说出来，哪怕吵一架都没关系，我们该如何与9号相处呢？

首先，我们要明确一点，不是所有喜欢采用冷暴力或者回避不见的人都是9号，比如4号也喜欢“玩消失”，有时因为不会沟通，6号也容易采用冷暴力的方法，有很多人有事不说出来，喜欢闷在心里。

假定你的前男友是9号，那如何跟9号相处呢？方法很简单，9号的基本欲望就是和平相处，你不要对他管束太多，只要不是原则性问题，就不要去关注。再举一个李安导演的例子，记者曾问过他的老婆："李安导演曾经八年都没有工作、没有收入，靠你的工资养着，你是怎么支持他成功的？"他老婆说："我没有支持，我就是让他自生自灭。"所以对9号来说，少一点关注，多一点空间，不去要求他、挑剔他，让他们没有压力，他就觉得很舒服了，而且9号对别人也没有要求，跟9号是很好相处的。跟9号相处不好的人，要认真思考一下，是不是你对9号有特别的期待和要求，比如你希望他事业成功，希望他升职加薪，你觉得他没有达到你的标准和要求，所以才会失望，才会对他要求越来越多。9号本身是很被动的，同时又很拖拉，你给他压力，和他争吵，他也不会针锋相对，而是采用冷暴力的方法——他越是这样，你越着急。

3. 我老公很像一个9号，他从来不愿意学习，抱残守缺，还经常打击我参加学习的积极性，我该怎么办呢？

我们先不说你老公是不是9号，先看看他的性格特征——从来不愿意学习，抱残守缺，还经常打击你参加学习的积极性。从这几点出发，可以引申出几个问题，需要你好好回答一下：他不爱学习，是一直这样，还是和你在一起之后才变成这样？如果他原来爱学习，跟你在一起之后变得不学习了，那就要看看你给了他什么影响；如果他以前就不爱学习，现在还是不学习，他一直在做自己而已，说明你以前能够接受他，现在却不能接受他，他没变，而是你变了。

还有一个问题，你们双方对于学习的定义是什么？是上培训课、考证书，还是日常的看书阅读？你们需要达成共识，对学习的定义和标准进行探讨，这样才能具体评判是否爱学习。

抱残守缺，不求上进和敏感，这些都只是现象，是冰山一角，隐藏在表现背后的情绪和信念是什么？要从这里入手。首先要审视自己，我们可能没办法改变别人，但是可以改变自己，改变对他的要求和看法，在改变中达成共识。

调整好自己之后，再回到原点，看看你老公的基本恐惧和基本欲望是什么？当你需要跟一个人沟通的时候，沟通的氛围很重要，沟通的空间也很重要，你是否善于营造一个很好的沟通氛围、建立一个很好的沟通空间？在沟通的过程中也要注意，不能带着偏见去交流，这样的沟通是无效的。要明确清晰的目标和通过沟通要解决的问题，围绕目标和问题去讨论，才能逐步达成共识，达成沟通的目的。

第十二讲

1号完美主义者

自我独白

我觉得凡事都应该有规矩，要坚持自己的标准；我理性正直，做事有原则、有条理、有效率，事事力求完美，但别人却说我过于挑剔、吹毛求疵；我要将一切事情按照我的理想标准做到精确完美。

1 号在本能组里是表现不足，被称为完美主义者或者理想主义者。这个世界是不完美的，但是有一群人，他们不屈不挠、不怕艰难险阻、坚持到底地追求完美，这种人活得有点累，但是也为改变世界做出了贡献。1 号作为理想主义者，为了实现想要的完美世界而不断努力、积极改变，从某种意义上说，也正是因为有这样的人存在，这个不完美的、残缺的，甚至是庸俗的现实世界才有希望，所以 1 号还有个名字叫改革者。

1 号的有些特征跟 6 号有点像，1 号总是能够第一个看到问题和弊端所在，他看到问题不仅仅是因为喜欢挑毛病，还因为他觉得这些问题导致世界不完美，他希望把问题找出来、解决好。同样是看到问题，1 号和 6 号是有区别的，6 号看到问题，是因为问题会导致风险、影响安全，1 号看到问题，是因为问题导致事情不完美、不正确。

认真的 1 号非常容易生气，他喜欢指责别人，经常说：你必须……你应该……6 号看到问题以后会想尽办法解决问题，因为 6 号是思维组，同时解决问题能增加他的安全感。比如说天花板上有一个漂亮的大吊灯，6 号看到以后会觉得不安全，建议用一个网兜起来，防止发生意外，1 号可能会说："这个吊灯太耗电、太奢华，不节约。"他喜欢用自己的道德标准去批判。

一、代表人物

新加坡原总理李光耀先生应该是1号，新加坡的社会治理为什么世界闻名？原因之一就是制定和执行了非常严厉的管理措施，世界各国基本上都废除了不人道的酷型，而新加坡却保留了鞭刑。伟大的革命先驱孙中山先生也应该是1号，他领导辛亥革命，推翻了统治中国两千多年的封建制度。在革命过程中，孙中山先生屡败屡战，非常坚强，在海外四处演讲筹款。为了心中的理想，1号可以成为非常好的领导，人们愿意跟随他，认同他的崇高理想，钦佩他的坚定信心和不懈努力，这是理想主义者特别能吸引和打动人的地方。1号的表情比较严肃，你很少看到他笑，因为他总是能看到问题和不足，哪有心思笑呢？

有的1号愿意以天下为己任，他有高尚的道德情操，活在理想世界里，而且容易有道德优越感。

二、特征

外形：偏瘦，表情严肃，发型一丝不乱，说话做事一丝不苟。

口头禅：必须，应该，要讲规矩，要有标准、有原则。

健康：经常因为看到问题而生气，气大伤肝。

1号坚持正义，品德高尚；热心肠，单纯天真，不搞派系团伙，不世故圆滑，说话对事不对人；穿着保守。

在相处的过程中，要多给1号欣赏和鼓励，多给他们点赞。

如果一个人第一眼就看到问题、弊端和不完美的地方，就会容易生气。无论你做得多好，你永远达不到1号的标准，因为1号的标准是完美，所以你很难听到1号的赞美和表扬——你很难做到完美。1号往往体形偏瘦，大多数时候表情严肃，不太容易高兴，衣着穿戴也很认真，你很难在1号身上看到前卫新潮的服装。

1号说话和做事会让人觉得有点硬，没什么情趣，硬邦邦、干巴巴的。1号坚持做正确的事情，口头语就是必须，应该，要讲规矩，要有标准、有原则等，这些词语都容易给人压力。

因为1号总是致力于使这个世界变得更加完美，所以1号是个热心肠，喜欢帮助别人，爱管闲事，可他一点也不觉得那些是闲事。1号喜欢主持正义，他希望自己是正义的化身，所以在司法系统、审计、监督、质检、裁判等行业和岗位上1号人物比较多。1号坚持真理，喜欢评判，做事情坚持高标准，不太关心时尚，为人单纯认真，他的关注点在具体事上。

有的1号说自己没有拿手指着别人，但其实他心里面无数次用手指着别人，但是这种指责对事不对人。在1号心里，别人都不对，只有自己绝对正确，让1号审视自己、发现自己身上的问题是比较困难的。生活中，我们很难听到1号欣赏或者赞扬谁，他说的最多的是问题、批评和意见，他会告诉你哪里有问题，哪里做得不够好，怎样可以更好更完美。1号就是传说中的诤友，就是那个永远说真话的朋友，他不在乎是否得罪你，他只在乎事情是不是正确、是不是合乎标准，所以1号的人际关系比较紧张。

三、基本恐惧和基本欲望

基本恐惧是受到谴责，让别人指出有不对的地方。

基本欲望是证明自己是对的，努力建造一个完美世界。

1号经常谴责别人，目的就是为了让人们不要来谴责我，我先谴责你了，那么我就站在道德评判的制高点上，那么我就是对的。有时1号给你讲一大堆道理，其实他只想说一句话：“我是对的，你应该听我的，按照我说的做就对了。”

有的 1 号是后天成长环境中培养出来的，比如你有一个要求非常高或者非常严肃、非常挑剔的父母或抚养者，你害怕受到父母的指责，希望得到父母的关注和认可，从而不敢犯错、追求完美，慢慢就成了 1 号。

四、性格特质

1 号认为世界是黑白分明的，没有灰色地带，对是对，错是错。做人一定要公正，讲原则，有标准。1 号负责任，有道德优越感，自制力强，高度自律。经常压抑自己的愤怒，吹毛求疵，追求完美，严谨细致，有时要求过高。

1 号的自制力非常强，有时人们会觉得他简直不像正常人，一般人可能都会懈怠、有弱点，但是 1 号非常自律——他追求完美，希望自己是一个理想人物。这里需要说明一点，1 号自律的标准是自己掌握的，他有自己的尺子。1 号会经常压抑自己的愤怒，因为他认为乱发脾气的人是没有修养的，不够完美。1 号是九个型号里面最爱批评别人的，他对自己要求高，对别人的要求也很高，那是一种一般人很难达到的要求，所以我们会觉得跟 1 号在一起压力很大。

五、健康和压力状态下的表现

健康状态下，1 号走向 7 号，追求完美和崇高理想的同时，也懂得享受娱乐，不给周围人太多的压力，而且创意很多、乐趣很多。

压力状态下，1 号走向 4 号，过于关注缺陷，过度批判，为人处事缺乏弹性，自以为是，乱发脾气，经常沮丧。

跟 1 号辩论或者吵架，你永远都不会赢，因为道理都在他那一边，同时你的道理也斗不过他的道理，因为在追求完美方面你没有他坚定。

1 号会经常出现两种情绪：一是愤怒，因为世界不完美，很多事不以他的主观意志为转移，每个人也很难像他那样自律；二是沮丧，当他没有办法解决所有问题，不能让自己和世界更加完美的时候，就容易陷入沮丧。1 号经常在愤怒和沮丧这两种情绪之间来回切换，这对身体伤害很大，这也是他比较清瘦的原因之一。1 号的愤怒和沮丧是连接在一起的，但是如果出现异常的愤怒和沮丧，说明他处于压力状态。

我们来看看孙中山先生的革命经历。要把中国维持了两千多年的封建帝制推翻，很多人都认为这是一件不可能的事情，但是孙中山先生是一个追求崇高理想且信念坚定的人，一个追求民主和民族独立的革命者，他要去做这件看似不可能的事情。在革命过程中，他失败了许多次，成为清政府通缉的要犯，被迫流亡海外多年。孙中山先生毕业于医学专业，本来他可以生活得很好，但是为了能让全体国人过得更好，为了心中的崇高理想，他放弃了个人的安逸生活，为了革命而四处奔波，甚至冒着生命危险，在海内外宣扬革命理念、筹措革命资金。许多人被他的人格魅力和远大抱负所感动，不离不弃地追随他和他的革命事业，有的人为革命舍生取义，有的人在资金上倾囊相助。宋庆龄的父亲宋嘉树是孙中山的好友，他被孙中山身上的理想主义光芒和所描绘的未来新世界所吸引，对革命事业给予了很大支持和帮助。当 1 号为了崇高理想而奋斗的时候，是一个无比优秀的领导者。

大家都知道中山装，孙中山先生综合了日式学生服装与中式服装的特点，设计出一种直翻领有袋盖的四贴袋服装，并大力提倡，后来逐渐定名为中山装。从这件事我们可以看出来，1 号在健康状态下走向 7 号，有设计天赋，有很多的创意和想法。中山装比较集中和鲜明地体现了 1 号的性格特征和基本欲望，中山装口袋的位置左右对称，袖子上的扣子数目对等，有一种秩序美；正式场合穿中山装一定要把扣子全都扣上，包括领扣，给人一种庄重严肃的威严感。1 号喜欢的服装就是这种感觉，要有秩序、有规矩，要庄重大方。

我问一个整天看世界不顺眼的 1 号学员：“如果世界上只有 1 号性格的人，那会是什么样子呢？”他马上说：“那这个世界就完美了。”这是典型的 1 号语言。

1 号很适合做公务员，尤其是投身司法系统，因为他坚持正义和真理，他眼里不揉沙子，对于问题和不足有一双火眼金睛。1 号也适合当老师，因为他喜欢教育人，喜欢讲道理，他是刀子嘴豆腐心，会严格要求自己和别人。

1 号人物是这个世界道德的践行者、秩序的维护者、正义的呐喊者、真理的守望者，我希望给他最真诚的赞美。他们急躁易怒，挑剔苛刻，同时又天真烂漫，简单淳朴，始终坚持对世界的完美期待，保持热烈深沉的爱，希望我们都能读懂 1 号的表达方式，珍惜并一路随行。

• 三山问答

1. 中国几千年来一直推崇儒家的中庸文化，强调为官从政要八面玲珑、灵活处事，这是否与1号的性格特征相冲突呢？

在我们国家漫长的历史时光里，强调中庸的儒家文化确实是居于主导地位的，但是中庸不等于折中平衡，灵活处事不等于放弃原则。儒家文化中有自己评价完美的标准，有文化人、士大夫的底线，如果你突破这个底线，你就会看到儒家文化中宁为玉碎、不为瓦全的一面，看到宁可为追求完美而死，也不愿破坏完美而生的1号特质。比如在国家民族面临危难的时候，他们号召坚持气节和操守，面对生死考验和威逼利诱不变节、不投降，比如古代有不食周粟，最后被烧死在首阳山的伯夷、叔齐，有民族英雄史可法、文天祥，近代有饿死不领美国救济粮的朱自清。

1号为了坚持原则而毫不妥协和让步，甚至主动选择牺牲，这和儒家文化的中庸不冲突，与为官从政的灵活处事也不冲突，为官从政也需要有原则、有底线，不贪财恋色、不欺上瞒下，在法律和纪律之内灵活处理才行。

2. 请问如何区分1号、2号、6号和9号？

这几个型号分别属于不同的三元组，每个组都有自己的特点，先通过这些特点把三元组确定，2号属于情感组，6号属于思维组，1号和9号属于本能组。分组之后，再依据1号和9号之间的差别区分他们两个。

可能你觉得1号和6号有些相似，下面我重点说一下他们之间的差别。1号喜欢谈对错，谈理想；6号喜欢谈安全，谈解决方案。1号的情绪经常是愤怒和不满，有非常高的期待值；6号更多的时候是怀疑，所以不断求证和测试。1号的注意力集中在标准和原则上，6号的注意力集中在风险和安全上。6号的人缘很好，不愿意跟别人有冲突，他需要融入团队的安全感，但是1号追求正确和完美，哪怕得罪全天下的人都无所谓。1号要去惩罚一个人的时候，可以非常不近人情，一定到你认错为止。6号要惩罚一个人，主要方式可能就是离开你，放弃对你的信任、承诺和陪伴，因为他最在乎彼此之间的关系。

如果国家也有型号的话，我觉得新加坡是1号，日本是6号，这两个国家区别很大，6号永远关注安全，1号觉得对错比安全更重要。

3. 生活中，有些人做事不讲原则、不守道德、缺少信仰、损人利己，如果能够多一些1号人物，建立并遵守严格的标准体系，自我要求严格，是不是整个社会风气会好转一些？

这个问题可以说是忧国忧民，也很有见解，我们确实会看到一些没底线、没节操的人和事，也确实缺少遵守规则的1号，缺少良好秩序和高尚道德的倡导者和维护者，但是我们不能以性格型号不是1号为借口，我们每个人都可以学习1号的坚持原则和高度自律，每个人都向着完美世界的方向努力，那我们的生活肯定会越来越好。当然，所有的1号也要做与时俱进的有思考有质量的1号。

4. 学完了九种型号，我才明白每种型号都可以很优秀，只是要活出自己健康的状态就行，这个想法对吗？

非常正确，只要你明确了自己是几号，知道了自己提升的方向，向着健康的方向努力，就肯定会工作出成绩、生活有品质。我们没有必要说喜欢哪个型号，不喜欢哪个型号，或者说以某个型号为荣，每个型号都可以为社会做出贡献、提供正能量。通过学习之后，我们既要提高自己、改变自己，也要学会欣赏、学会包容。

第十三讲

本能组小结

education

本能组的三个型号学完了，这一讲既是总结也是回顾，澄清不同型号之间容易混淆的地方，以及本能组与思维组、情感组之间的区别。

既然是本能组，先来看看三个型号与本能的关系。本能组第一个型号是 8 号，他是过度表现，情感组里与之相对应的是 2 号，2 号是过度热情，把别人的事情看得比自己还重要，心甘情愿地付出，因为 2 号的情感、爱和关怀多得要溢出来。思维组里过度表现的是 5 号，所以他非常非常理性，百分之百用脑做人。比如 5 号买房子要考察对比、综合考虑一个月，而 2 号买房子半个小时就能做出决定，这就是不同能量组的表现。8 号的过度表现体现在哪里呢？那就是人们常常觉得 8 号特别有人格魅力，有感染力，因为本能组的能量源源不绝，来自于生命的本能和欲望，而 8 号又是本能组中能量最高的。

有时 8 号的能量会失控，为什么很多 8 号小时候爱打架，因为他精力过剩，能量需要释放出来。压力状态下的 8 号会理智地思考，这个变化能让他有勇有谋，也可能让他找不到自我，压抑行动决心，做事畏手畏脚，说得多做得少，这个度很难掌握。

在本能组里，9 号是完全失去，跟 8 号截然相反。生活中，如果 8 号找一个 9 号做伴侣，这样的家庭会很有意思，吵架都吵不起来，基本上都是 9 号忍着、让着 8 号。当一个人完全失去生命能量的时候，表现出来的就是没有热情，无欲无求，当然也就不会生气。在最极端的情况，9 号可以为了自己的目标而不吃不喝，对生活也没有强烈而明确的索求。9

号在健康状态下走向3号，明确自己的人生目标，激发出生命的热情和能量。平时9号不是没有能量，只是失去连接，让生命的热情陷入沉睡。

本能组里的1号是表现不足。1号有追求、有愿景，所以会执着坚定地向目标前进。1号也会长篇大论地教育你，一直说到你认错改错为止，这时1号是有能量的，但是你又发现他为人拘谨，不够放松，这就是表现不足。4号和7号也是表现不足，比如4号需要通过艺术的方式来弥补不足，7号表面上是“见面熟”，但是这种关系是流于表面的，不会稳固长久。另外，有些1号是禁欲主义，对外在事物很冷淡，这也是1号表现不足的地方。

整个本能组里共同的问题就是侵略和压抑。8号热衷掌控、带领别人，会经常侵犯别人的权利，代替别人做出选择。1号也有侵略性，因为1号爱管闲事，喜欢路见不平一声吼，喜欢教育人，看见问题、瑕疵和不完美的地方，也不管自己有没有能力解决，会先发出声音指责，而且见解往往非常犀利，一针见血让你无法反驳。当然，侵略的另一面就是压抑，1号有时会发现问题不说出来，将愤怒压抑在自己心中。9号更是深度压抑，甚至说有人要打他的左脸，他会把右脸也伸过去，就好像高僧所说的“唾面自干”，如果人家吐口水在你脸上，你就让其风干，压抑到自己都感觉不到压抑。

本能组的优点和不足都取决于一点——如何与本能的力量保持平衡，与生命力保持平衡。其实，每个三元组都需要这种平衡能力，情感组需要让情感保持平衡，不能太多，也不能太少，不要四处泛滥，也不要完全没有；思维组需要让理智保持平衡，不能不用脑子，也不能什么事都机械地只用脑子思考，而不用情感，就像我们常说的，家是讲爱的地方，不是讲道理的地方。平衡的能力很重要，是需要一生修炼的功课。

再来看本能组三个型号整合和解离方向，也就是健康和压力状态下的表现。

8 号的解离方向是 5 号，在压力状态下去往 5 号。一个本能组的人开始完全用脑子做事了，这是一种压抑，5 号是完全理智思考的人，所以当 8 号去往 5 号的时候，他就是在压抑自己的本能。明明是一个领导者，可能会变得被动、胆小，不愿意承担责任，躲在人群里，不愿意出头。8 号是行动派，去往 5 号以后会变成单纯的思考者，只想不做，隐藏了真实的自我。8 号在健康状态下去往 2 号，这时的 8 号非常有魅力，愿意倾听他人的感受，既有天生的魄力和才能，又具备 2 号的温暖和关怀，那是一种柔性的有亲和力和吸引力的领导才能。典型健康的 8 号会清楚自觉意识到一点，领导就是服务，领导越大，服务的人越多。反之，一个不健康的 8 号领导认为自己拥有掌控别人命运的权利，会冷酷无情地剥夺别人，会为所欲为，这很可怕。

大多数人都有点怕 8 号，因为 8 号很威严，他也喜欢制造这种权威感，喜欢别人敬畏他，当他在健康状态下的时候，会非常有人情味，有童心，像个孩子，这时候他不需要靠威严的外壳来维持领导地位，他认为领导就是付出，就是关怀下属，解决跟下属生活息息相关的难题。

9 号在压力状态下去往 6 号，变得更加被动，经常犹豫不决，经常思考是否安全的问题，会将他仅有的热情消耗掉，最大的愿望就是保持现状。9 号在健康状态下去往 3 号，明确人生目标，不再随波逐流，具有很强的行动力，但是又非常谦逊包容，不爱出风头，不会像 3 号那样咄咄逼人，这是一个健康 9 号的人格魅力。我们发现 3 号、6 号和 9 号组成一个独立的三角形，在健康和压力状态下互相连接，这也是生活中他们比较容易形成稳固关系的原因之一。

9 号代表人物甘地最终死于一个激进的印度教教徒的刺杀，他心里很明白会承受这样的命运，因为在印度激烈的教派斗争当中，他的政治主张必然会引起别人的仇视，但是他依然坚持不懈地争取，奔走在印度的大街小巷，呼吁人们放下彼此之间的仇恨，和谐相处。在某种意义上说，甘地是一个悲剧英雄，但悲情无损他的伟大，所以爱因斯坦才说：我们可能无法相信人类历史上曾经有过这么一个人，他被称为精神的父亲，被称为圣雄，这是一个健康9号的人格魅力和伟大力量。生活中，9号不愿意发生冲突，不喜欢分离，喜欢劝架，既然喜欢劝架，他自己就更不会吵架了。9号总是笑眯眯的，没有攻击性，他最极端的抗议方式就是绝食或沉默，沉默和绝食都是向内攻击自己，他永远不会向外攻击。9号不是力量型的，即使在健康的状态下，也依然不会向外攻击，他的侵略性体现在攻击自己上。

1号在日常生活中人际关系比较紧张，虽然大家知道他是好人，但是他规矩比较多，喜欢争辩，而且谁都说不过他，他永远一身正气，是典型的“常有理”。1号在压力状态下去往4号，他开始变得偏激，因为4号不愿意跟外界沟通，只喜欢跟自己的内心交流，容易从封闭走向极端。一个追求完美、凡事认真的1号，开始将注意力从世界是否完美，转向自己是否完美，内心中充满了自我否定、自我批判和自我苛求。在这种情况下，会积累非常多的自我矛盾，而且自己没法平息这种内在冲突。

在健康的状态下，1号开始走向7号。7号大概是九个型号里，道德感或者说对错概念最淡漠的人，因为凡事一讲对和错就太严肃了，就不好玩了。走向7号以后，1号开始明白人生除了对错之外，还可以有其他的标准和依据，不能时时刻刻都为了对错而紧绷绷地纠结，要让自己放松。一个人开始放松意味着什么？你最健康的时候就是你最放松自在的时候，你不跟自己为敌，不跟身边人为敌，也不跟世界为敌。在你眼里，每个人都很好，每种状态都很好，随波逐流也好，逆流而上也好，一事无成也好，事业有成也好，你都可以接受，就像禅师所说“日日是好日”“世间人事无一不好”，人在最放松的状态下去往健康提升方向。

电视剧《人民的名义》中陆亦可的扮演者柯蓝，就是一个健康的1号，她在演戏之外做了很多公益活动，做了很多她认为正确的、对这个社会有意义有价值的事情，比如帮助农民工子女解决上学问题，去阿拉善植树种草，防治沙漠化等，她是一个更丰富、更开放、更有弹性的 1 号。

本能组最核心的问题就是要学会平衡自己的欲望，其实这不仅仅是本能组的功课，也是每个人的功课，很多时候人都没有办法超越自己的欲望，从而让自己陷入苦恼，只不过本能组的人表现得更明显一些。

学习九型人格之后，我们要注意觉察，看到别人身上不完美的地方，要能接纳包容，同时也提醒自己，看看自己身上是否也有同样的问题，是否也要明确同样的修炼方向。不同的三元组的人都会有这个问题，要么过度，要么失去，要么表现不足，比如说你是一个情感组的人，首先要修炼情感管理能力，让情绪和感受能够正常表达和展现，然后再修炼管理思维和本能的能力。生命的功课很多，大家已经在路上了。

• 三山问答

1.1 号在健康状态下去往 7 号，那 1 号应该很容易被 7 号所吸引，因为那是他提升进步的方向，但是我通过观察发现，1 号很反感 7 号的吃喝玩乐享受生活，这是为什么？

这个问题你自己已经解答了，在压力状态下 1 号不会喜欢 7 号，1 号对吃喝玩乐很反感，因为他认为那是一种不道德、不正确的生活方式，他没有太多的兴趣和精力放在生活享乐上。

当你发现一个型号欣赏、喜欢另一个型号的时候，要看具体人欣赏的具体方面是什么，不能代表这个型号的所有人都是如此，要具体问题具体分析，不能以个体代表整体。

2. 本能组的三个型号之间是不是更容易相处呢？同一三元组内部是否会比不同组的更容易相处呢？

不一定。从九型人格的角度分析，人与人之间要和谐相处，通常情况下一个人应该在另一个人健康上升的方向上，便于借鉴和引导，比如 2 号和 4 号，8 号和 2 号，7 号和 5 号，3 号和 6 号，很容易发展成为亲密朋友或者事业搭档。我采访过一个人工智能企业，核心管理层的三个人分别是 3 号、6 号和 9 号，他们配合非常默契，企业运转很好。

3.2 号提升的方向是 4 号，压力状态下去往 8 号，如果一个 2 号被 8 号吸引，那这个 2 号是处于压力状态吗？

一个型号被另一个型号所吸引，跟是否处于健康状态没有直接关系。每一个型号的提升方向、健康状态会因为个体差异而表现略有不同，而且每个人的状态也是不稳定的，甚至一天当中你的状态都可能不稳定，你的想法、行为总是随时变动。其实大部分成年人心智都有不成熟的地方，这种情况下所谓的健康状态，也是不稳定、不成熟、跳跃性的，可能顺利的时候处在健康的状态，遇到一点阻力就又退回到压力状态了，不能长久保持在健康状态。这也是为什么我在讲解过程中会用名人举例子，因为相对来说，他们比较稳定地保持在健康状态，是比较好的样板。讲九型人格有很多种风格，我愿意多讲一些积极的、充满正能量的东西让大家学习，这样能帮助大家认识和缓解生活中的压力，用积极的心态去学习、思考和改变人生。

再回到你的问题。2号被8号吸引，你这个问题和人际交往中的欣赏有关系，我们需要先澄清一点：一个健康状态的型号有能力去欣赏其他所有的型号。那么一个型号如果没有处于健康状态，他的欣赏和被吸引的方向怎么判断呢？要根据他目前特定的人生阶段来分析，我们的欣赏对象是有选择性的，可能这个阶段，我需要一个特别感性、愿意倾听的人，可能后一个阶段，我需要一个一切尽在不言中、默默支持我的人。有的时候2号需要8号，不是因为欣赏，可能只是因为他需要一个有力的依靠，所以在某一具体阶段，一个型号欣赏或排斥某个型号，不能成为判断其是否处于健康状态的标准。在不同的人生阶段，人们会与不同的人际圈产生交集，甚至不同阶段交的朋友都不一样，因为每个人都是变化的，除此之外，还有一些现实需要、功利选择等因素。

4. 以前，我经常会愤怒，而且会刻意压制自己的愤怒，时间长了身体就出现了一些亚健康的表现。我就自己调理身体、调整心态、疏肝解郁，最近一段时间，我在自己身上找不到愤怒了，但有时会感到焦虑不安和担忧，这是为什么呢？

首先，你在自己身上找不到愤怒了，这应该是你调整心态、改变自己言行的积极成果，这是你向健康状态转变的表现，而不是你的型号发生了变化，这是一件好事，证明你能够察觉自己，并且有能力改变自己。

其次，现代社会中正常人都会有焦虑不安和担忧，你的描述比较模糊，没有具体的起因和表现，所以我不好分析判断，但是有一点希望你能明白：没有一个人是一天到晚都幸福无忧的，平民百姓有焦虑，高官富商有焦虑，甚至看似无忧无虑的流浪汉也会有焦虑，只要焦虑没有达到抑郁的程度，或者没有严重到干扰工作和生活的程度，就都是正常状态。乐观向上的人不是没有焦虑，而是懂得不过度表现焦虑，善于自己化解或战胜焦虑。

5. 通过学习，我对自己有了更多的了解，以前在与别人相处的过程中，我的关心和付出有时会越界，甚至会控制对方，让对方不舒服，我怎样才能掌握好度呢？

说到越界和控制，我再给你举一个你身上的例子，我们每次上课时间是八点到九点半，这里面包括半小时的提问时间，但是你却喜欢在下课以后提问，你的理由是上课的时候没空。这代表你希望由你来划分时间边界，然后用你划分的边界来控制老师，当然你不是故意的，这是一种潜意识，你自己都没有觉察到。也许你在生活中也有类似的一些行为习惯，你愿意自己来制定边界和规则，并且希望别人按照你的规则来运转，从而实现你对环境或整个事件的控制。

如果你想掌握好度，首先要学会聆听，这个聆听先要指向自己，为什么你会有决定边界的强烈愿望？这些行为和情绪的后面，隐藏着你的恐惧和欲望是什么？你是一个很认真的学员，你愿意去思考，找到这两个问题的答案，你的疑惑也就解决了。

6. 本能组与金钱的关系以及与人相处的模式是什么样的？

在本能组里，8 号仗义疏财，他就是那个吃饭抢着埋单的人，因为他觉得埋单就是老大。8号只看重权威，不看重钱财，也不喜欢管钱，8号很豪爽，哪怕身上没有钱，也会很讲义气，打肿脸充胖子是他经常干的事。跟8号在一起相处，你要表示对他的忠诚，愿意追随他，在他面前要谦虚，不要跟他对抗，不要挑战他的权威，但是8号会挑战你的权威，这时你要包容他。

9号对金钱的感觉是无所谓，本能组和情感组的人，相对来说在金钱方面不那么计较。当然也有例外，情感组的3号对金钱比较看重，因为3号需要成功，而金钱在某种程度上是衡量成功的主要标准之一，所以3号跟金钱的关系比较密切。9号是有钱也行，没钱也行，对物质生活没有太高的要求，又缺少原则，很容易借钱给别人，很有可能管出一笔糊涂账，跟9号相处的模式就是舒服就好。

1号是你可以托付金库钥匙的人，因为1号严格自律，廉洁奉公，他管钱不会出差错，他一生的基本欲望不是为了追求金钱。跟1号相处，你就永远承认他是对的就行，而且要尽可能严谨细致，不要挑战他的规矩、原则和标准。日常生活中，1号的讲究和规矩很多，比如牙膏一定要从下往上挤，洗完脸之后毛巾一定要挂好，别人觉得都是小事，可是在1号眼里都是大事，要尽可能尊重1号的原则标准。

7. 如何理解3号、6号和9号之间的互相支持?

3号、6号和9号构成一个独立封闭的三角形，其他六个型号是一个六边形，3号、6号和9号在健康和压力状态下分别去往另外两个型号，如果这三个型号在一起，他们会互相弥补缺点、强化优点，互相引导向健康的方向前进，互相支持和配合非常好，当然这是一种理想状态。

第十四讲

九型人格的应用

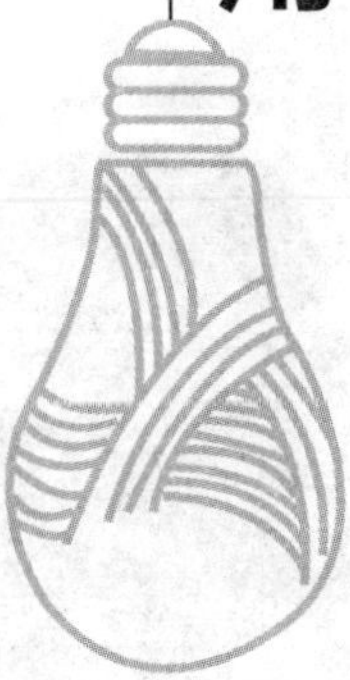

education
Success

九型人格的应用有三个方向：

人生规划——认识自己（见自己）；

职业规划——认识环境（见天地）；

精神规划——认识宇宙（见众生）。

第一个方向，认识自己（见自己），九型人格不是去搞定别人，而是认识自己，是自我认知的成长。认识自己之后，你就知道自己今生的使命是什么了，就像扎克伯格所说，要“创建一个让每个人都有使命感的世界”，换言之就是每个人都找到自己存在的价值。

找到自己的使命感的前提就是认识自己，认清自己。现代社会沟通很重要，生活上、工作上，我们都需要有效的沟通，沟通不是将自己的想法强加到别人身上，而是经过交流思考之后达成共识，所以沟通的过程中需要了解自己、了解对方，九型人格的第一个运用方向就是认识自己，知道自己的优点、缺点和健康方向，知道自己的能量来源于哪里，这样你才知道在今后的人生道路上怎样去扬长避短。

真正地认识自己以后，你就会对自己多一份欣赏，多一份接受和包容，不会再苛求自己，更不会再有自卑情绪，能够清晰掌握自己的性格特征，掌握自己的调整方向，避免问题重复出现。当你足够认清自己，知道自己的基本恐惧和欲望，就可以帮助自己做好人生规划。

很多人都以为职业规划是独立的，其实职业规划应该建立在人生规划的基础上，人生规划里面包含了事业、情感、婚姻家庭和社会关系的建立和经营。你希望有一个什么样的人生，希望怎样活出自己的精彩，希望怎样经营自己的生命，基于这样的人生目标，再去选择你的职业，规划你的职业生涯，这样才能让自己在工作中有乐趣，在工作中实现人生价值。

第二个方向，认识自己之后，要运用九型人格去认识身边的环境，这个环境包括物质环境和软环境。物质环境是我们所在的国家、机构、行业和场所等，比如说你在司法系统或者质检部门工作，这个岗位就需要你严肃认真、不徇私情、维护公平正义，要有标准、讲原则，这是物质环境对你的要求。另外人与人之间的关系构成了我们身边的软环境，包括家庭成员、有血缘关系的亲戚、好朋友、同学、同事，甚至公共场所的陌生人，一起乘坐公共交通工具的陌生人，都会与你建立起关系，长久的、暂时的、稳固的、松散的，不一而同，这个关系网就是你身处的软环境。

不同城市之间，都会存在地域差异、文化差异，我们就可以运用九型人格的知识来认识和分析这些差异，从而让自己在差异之间能够灵活切换、平稳过渡。当你能够充分认清身边的环境，包括工作环境、时代潮流和行业趋势，你就可以结合自己的人生规划做好职业规划，把握人生方向。

每个人、每个阶段都需要职业规划，而不是说只有刚毕业的学生才需要职业规划，也不能认为一份职业规划可以管一辈子。职场的环境是发展变化的，你的岗位和位置也是发展变化的，这就需要从环境出发，对自己的职业做好方向调整和转型安排。到了一定年龄、一定阶段，大部分人都会遇到职业发展的“瓶颈”或“天花板”，这就需要我们运用九型人格知识，有效感知和认清身边的环境，提前做好职业调整，确保自己在职业发展上不陷入停滞、不留下空白。

第三个方向有点大，运用九型人格知识做好精神规划，回馈和服务社会，实现人生价值，让自己的心灵走向更加宽广的宇宙。

大家都很熟悉埃隆·马斯克，他完成了私人公司发射火箭的壮举，他造出了全世界闻名的电动汽车，此前，他还打造出当时世界上最大的网络支付平台，他是太空探索技术公司（SpaceX）、特斯拉公司及PayPal国际贸易支付三家公司的创始人，他远远地将世界甩在了身后。他说："每一天，我都要问自己用什么勇气活下去，我可以做些什么来影响未来的人类和社会？"我相信，埃隆·马斯克有很好的精神规划，因为他在做有利于全人类的探索，在做影响世界发展的事情。

作为一个人，我们先要认清自己，树立好自己的人生目标，然后规划好自己的职业生涯，有一份自己热爱的事业，最后你才能走向精神层面的规划，让我们的精神更健康独立，心灵更丰富清澈，从而实现与内心的紧密联结，让人生更有价值。

关于九型人格的应用，如果具体到每一个行业、每一个性格型号的话，不是一两本书可以讲完的，我们要回到九型人格的原理之中，举一反三，触类旁通，坚持从原理到个案，用原理知识来指导分析，再从个案返回原理，用个案来丰富原理的解释形式，遇到疑问及时探讨交流，你就会学得越来越好，运用得越来越自如。

•三山问答

1. 在生活和工作中，如何恰当灵活地运用九型人格的教练方法呢？如何把握好尺度和分寸？

九型人格教练是九型人格运用的一种具体形式，简单来说就是运用九型人格的知识和方法去指导别人，帮助别人认识和分析问题，找到解决问题的方法。当朋友或同事跟你交流或求助的时候，你首先要区分不同情况，如果对方只是想和你交流倾诉，你就准备好耳朵，只做一个倾听者、陪伴者就好了；如果对方主动请教你，希望你提供帮助和指导，这时你要得到对方的允许——我想用教练的方式来跟你交流，可以吗？这叫设定范畴，这样尺度和分寸感就有了。九型人格的教练方法不是每时每刻都可以用，我们不要将生活九型人格化，而是要将九型人格生活化。

2. 在教练过程中，如果一直保持专业而客观，会不会显得枯燥和冰冷呢？我们该如何正确掌控和运用情绪的能量？如何适当展现自己的性格魅力和个人风采呢？

首先需要澄清的一个问题，在九型人格教练过程中，保持专业而客观并不一定会显得枯燥和冰冷，专业地讲解和教练不等同于照本宣科、罗列概念，而是同样需要形象的有吸引力的表达。你要站在客观理性的角度，给出正确的意见建议，表达你的热情、关切和支持，这时你的教练就不会是冷冰冰、干巴巴的。

要掌握和运用好情绪的能量，需要你的目标来指引，让情绪为目标服务，而不是超越目标或者失去目标。对于一个九型人格的教练来说，我认为最好的性格魅力和个人风采就是专业，始终做专业的教练该做的事情，不能让自己的魅力影响学员的判断，而是给学员专业的讲解和分析。

3. 九型人格在每个人身上都有不同的呈现，有些特质甚至是互相冲突的，该如何平衡好情感、思维和本能的能量呢？

同一种型号在不同人身上会有不同表现，在同一个人的不同人生阶段也会有不同表现，我们既要看到互相冲突的特质，也要看到互相支持、互相补充的特质，这就是平衡的基础。简单来说，平衡的前提就是觉察，当你能够感受到自己的能量来源，你就已经开始平衡了。

4. 如果一个人既有严谨认真、一丝不苟的一面，又有大大咧咧、丢三落四的一面，应该如何理解这种性格的人呢？

先要分析他是处于健康状态，还是压力状态，状态不同，对性格特征的理解也就不同。刚才所说的严谨细致和丢三落四不属于基本欲望的范畴，还是要通过基本欲望和恐惧来判断性格型号，然后再对照日常表现来分析性格特征，看似矛盾的两种性格同时存在于一个人身上，这也比较常见。

5. 主型和翼型的关系是怎样的？翼型是如何影响主型的？是否可以理解为化学中的“混合物”？

翼型主要通过成长环境的作用来影响主型。

一般来说，家庭中发挥影响力比较直接的人首先是父母或抚养者，如果父母的影响不够明显，那可能是家族当中的一些亲戚，或者与父母关系密切的好友，这些人可能个性鲜明，影响力比较大，会影响到性格型号的养成。所以说翼型如何影响主型，要看以往的生活，尤其是性格形成期间发生过的重大事件和重要人物。主型能够展现翼型的某些特征，但是不能改变主型的型号，这和“混合物”的概念是不同的。

6. 如何更好地提高自我觉察和觉察他人的能力？

自省是比较好的方式，像禅修一样静下心来，认真地思考和反省，“反求诸己”，这样能把握住自己和别人身上规律性的特征。孔子的弟子曾子说过：“吾日三省吾身，为人谋而不忠乎？与朋友交而不信乎？传不习乎？”一个有美好品德的人，应该一日三省，多内省，多察觉自己的内心，这样就会养成遇事总结、觉察思考的习惯。

7. 在九型人格的运用过程中，我们如何做到像老中医一样望闻问切，同时又不给人贴标签呢？

像老中医一样望闻问切，就是要观察一个人的外在特征、神情举止、穿着打扮、待人接物、说话的音量语速，以及说话的常用词、在团队中的表现、别人的评价等，做全面的考察和衡量，同时还要注意去除假象、排除干扰。如果你要确定自己的初步判断是否正确，还要设计一些问题，做好有针对性的访谈。

我不反对贴标签，但是要在标签的后面注明条件，比如什么时间遇到什么问题，具体有什么表现，几号的分比较高，这样你就能形成一个很系统的观察记录，在贴标签和撕标签的过程中对照分析、去伪存真。贴标签不是盖棺定论，是第一步海选，通过望闻问切之后，你觉得他可能是几号，再设计相应问题，经过访谈再进一步补充修正或者推翻重来，不断排除，不断确认，就会帮助你越来越接近答案。

8. 如何让一个 8 号爸爸放弃改造 9 号儿子的执念？

首先还是要增进了解，父子之间多沟通交流，了解彼此的真实想法和愿望。当父母的对子女都有期待，但是期待不能变为执念，大部分执念都是由于沟通不够产生的，父亲不了解儿子的世界，不了解儿子对自己的未来期望。学九型人格之后，你会多一些包容，因为你真正了解了人和人之间的不同。

9. 如何才能学会关注别人的感受，不让别人感觉到跟我相处的压力？

认识到自己的基本欲望之后，你才有能力看到别人的欲望，每个人都愿意和一个跟自己合拍、基本欲望相同的人在一起，都不会愿意和一个引发自己基本恐惧的人在一起。在相处过程中，不去触碰对方的基本恐惧，不越过交往的界限，就不会让别人感觉到压力。

结束语

15 讲的内容到这里就全部结束了，谢谢大家对我的信任和陪伴。感谢你们在众多九型人格的图书中选择了这本，并仔细地阅读学习和坦诚地反馈分享——这需要认真、勤奋和勇气。

生活是浩瀚的海洋，只有你学会游泳，才能享受海洋给你带来的欢乐和愉悦，被呛几口水也正常，不要因此而否定海洋，更不能放弃提高自己的游泳技巧。人的一生很漫长，回到生活中，真正的九型人格学习才刚刚开始；人的一生也很短促，在地球数十亿年的历史中，人的一生不过是朝露般的刹那，在这短促的一生当中，愿你们努力绽放自己。

花儿在不同的季节盛开，冬天的山茶、梅花，春天的桃花、梨花、杏花，夏天的蔷薇、茉莉、荷花，秋天的桂花、芙蓉、菊花……跟这些花朵相比，人的生命是很长的。这些花朵在短暂的生命中全都尽力绽放，作为人也应该一样，每个人来到这个世界上都有自己的使命，都应该活出自己的精彩。通过学习九型人格，找到自己与生俱来的使命，用一生的努力活出使命感，不负伟大神圣的生命。我们每个人的生命都是无数个偶然性组成的必然性，每个生命都是神迹。

就像我在本书的开篇中说过的那样：九型人格是需要用一生学习的学问，未来的路还很长，一生的学习才刚刚开始，愿你们成为九型人格的学习者、受益者、传播者，希望学习九型人格能让你们和你们所爱的人生活更美好。祝大家幸福圆满、自在快乐。

我爱你们。

所有关于九型人格，我想对你们说的话，都在这里。

2017.6.26 三山初稿完成于上海

2017.7.30 三山修改于上海

2017.9.18 三山二改于西安

2017.12.19 三山三改于上海

再版后记

感谢所有购买本书的读者，因为你们对自我成长的好奇和热情，而让更多人有机会看到这本书。

让我略微感到惊讶的是，这本书居然比我先出版的《金融人札记》更早再版，也就是说一本探讨内在自我认知的书比金融理财类图书拥有更多的读者。在一个大家都关注速度和超越，比较缺乏耐心的时代，还有一些人愿意内观，愿意向内走，不断完成自我认知，无论如何这都是值得高兴的，谢谢你们传递给我这样的信息。

2017 年，我写这本书第一版的时候，并不知道 2020 年会有这样一个春天。这次疫情期间发生了许多事情，对人们的心智产生了极大的冲击和考验，每个人都会对人类命运共同体有更深刻的感受。如果你了解一些九型人格的知识，可能就会对一些人和事更宽容、客观。虽然你发现爱是艰难的，但，还是要去爱。

祝福每一位看到这本书的人都平安、健康，希望全球疫情早日结束，到那时也欢迎您来到我的课堂，我们共同学习九型人格，共同成长。

三山于沪上柔慈阁

2020 年 3 月 23 日